T0129949

Warum deine Freunde mehr Freunde haben als du

Christian H. Hesse

Warum deine Freunde mehr Freunde haben als du

16 verblüffende Geschichten von Zufall und Statistik

Christian H. Hesse
Institut für Stochastik und Anwendungen
Fakultät Mathematik und Physik
Universität Stuttgart
Stuttgart, Deutschland

ISBN 978-3-662-53129-7 ISBN 978-3-662-53130-3 (eBook)
DOI 10.1007/978-3-662-53130-3

Die Deutsche Nationalbibliothek verzeichnet diese Publikation in der Deutschen Nationalbibliografie; detaillierte bibliografische Daten sind im Internet über http://dnb.d-nb.de abrufbar.

Springer

Planung: Dr. Andreas Rüdinger
Zeichnungen: Alex Balko
Gedruckt auf säurefreiem und chlorfrei gebleichtem Papier

Springer ist Teil von Springer Nature
Die eingetragene Gesellschaft ist Springer-Verlag GmbH Berlin Heidelberg
Die Anschrift der Gesellschaft ist: Heidelberger Platz 3, 14197 Berlin, Germany

Der Urknall dieses Buches

... fand eigentlich schon vor einem Jahr statt. Als nämlich der *SchnellerSchlauerMacher* als erster Band zur selbigen Sache das Licht der Druckerschwärze erblickte. Mit einer Geschwindigkeit von 3600 Sekunden pro Stunde optimiert für den eiligen Geist ist er inzwischen der schnellste SchnellerSchlauerMacher, wo gibt.

Im Zuschauer-und-Mitdenker-Format könnt ihr darin Familie K begegnen. Besser als alle Fontane-Romane zeigt er an Szene-Locations, wie viel Zufall und Statistik den ganz normalen Alltag einer ganz normalen Familie aufwühlen – von niedlichen Verblüffungen bis zum Zufallsrambazamba des mächtig einprasselnden Alltagswahnsinns.

Das waren damals die Hauptpersonen und sind es auch hier:

Herr K ist um die 55 und schon etwas bembelbauchig. Er wirkt auf den ersten Blick eher konservativ, wenn nicht gar trachtenvereinig. Doch er kann auch ausflippen und wirft ganz haarscharfe Schatten, wenn bei der Betriebsfeier der DJ die Rolling Stones auflegt.

Sein Geld verdient er in einer Pharmafirma. Da ist er für den Vertrieb der Produkte zuständig. Das sind hauptsächlich Medikamente, welche die Menschheit braucht oder auch nicht braucht.

Dass Herr K langsam älter wird, merkt er nicht nur daran, dass er in Onlineformularen beim Geburtsjahr immer weiter nach unten scrollen muss. Auch seine Blutwerte sind nicht mehr jugendlich pixy.

Nicht deshalb, sondern aus Langeweile hat er kürzlich sein Testament gemacht. Und darin ganz forsch verfügt, man solle an seiner letzten Ruhestätte kostenloses WLAN bereitstellen, damit sie öfter besucht wird, als wenn mit ohne.

Seit 20 Jahren ist Herr K verheiratet. Frau K arbeitet als Buchhändlerin in der Fachabteilung Betriebswirtschaftslehre einer großen Bücherkette. Im Moment ist sie mental ein bisschen auf Krise und schlägt deshalb öfter mal esoterisch über die Stränge. Wenn sie so drauf ist, dann zieht es sie ins Outback der Vernunft, als Entspannung von all der Kopfkacke in den BWL-Büchern, mit denen sie täglich zu tun hat. Nur mal so als provokantes Nebenbei: Sie denkt mittlerweile, dass man über BWL kein cooles Buch schreiben kann.

Gestern war sie im Hip-Hop-Happy-Esoterik-Shop, kaufte sich eine Wundertüte und fand darin einen Chakra-Schal in betontotem Staubgrau. Ihr Leben scheint ihr voll von solch kleinen Unoptimalitäten zu sein. Aber letztlich aushaltbar.

Aushaltbar hauptsächlich wegen ihrer Familie. Das K und K-Couple hat zwei Kinder: K-Tharina und K-Simir.

K-Tharina ist 16 und ein Mathe-Girl der Extraklasse. Schon seit dem ersten Schuljahr verspürt sie Lust und Laune fürs Rechnen, und ihre Mathe-Skill-Kurve zeigte immer steil nach oben.

Letzte Woche hat sie ein Referat gehalten über *Mathe ohne Bullshit*. Es enthielt den Satz des Pythagoras, bewiesen ganz ohne Formeln, allein durch eine Bildergeschichte mit vier Bildchen. Und lustig war ihr Referat auch noch. Ihr Motto generell: Mathe ist nicht traurig, aber wahr!

K-Tharina ist auch sehr sportlich. Beim Sporttreiben hatte sie schon manche gute Idee. Wie zum Beispiel die, dass in Fitnessstudios an allen Übungsgeräten Generatoren angeschlossen werden sollten, um Strom zu erzeugen.

K-Tharinas kleiner Bruder K-Simir, auch Little K genannt, ist 15 und ein natural born Chiller. Mit Mathe hat er gar nichts am Hut. Und er steht dazu. Denn er meint, nicht jeder müsse ein Mathe-Elfmeter sein, die Mathemacher bräuchten ja auch eine Zielgruppe. Wohl wahr.

Für K-Simir ist Mathematik die Antwort auf eine Frage, die er nie gestellt hat. K-Tharina hält ihn deshalb für leicht unterbelichtet und meint, das Smarteste an ihm sei wohl sein selbiges Phone.

Müheloses Rumoxidieren mit ein paar Kumpels ist Little K lieber, als sich in eine auch nur entfernt anstrengende Aktivität zu stürzen. Er ist ein Traumtyp am Limit, ein Traumtänzer ohne Netz und doppelten Boden. In der Schule geht ihm vieles durch den Kopf, ohne darin Spuren zu hinterlassen.

Um irgendwann einen Job an Land zu ziehen, meint er, es reicht, später vor dem Bewerbungsgespräch das Facebook-Profil des Personalchefs kurz aufzurufen und leise dessen Lieblingslied beim Interview zu summen.

Seit dem *SchnellerSchlauerMacher* hat er sich zu einem radikalen Veganer entwickelt, fast schon zum Gemüse-Taliban. Aber er ist als Typ okay und ihn mögen zu lernen, lohnt auf jeden Fall die Anstrengung. Als er erfuhr, dass es ein weiteres Büchlein geben würde, bekam er einen Aktivitätsschub und schrieb mir die SMS: „Lieber Autor, können Sie mich im zweiten Band mal grüßen?"

Hallo!

In diesem Folgeband gibt es nun weitere Episoden aus dem Leben der vier Ks, und wir werden sehen, dass alle wieder etwas mit Wahrscheinlichkeiten, Zufall und Statistik zu tun haben. Davon handelt dieses Buch. Sucht ihr Unterhaltsames vom Zufall, dann seid ihr hier richtig und werdet fündig. Or your money back!

Statt einer Leerseite ...

Dies ist also auch nur ein Buch. Das gleich vorweg, damit es später keine Tränen gibt. Aber es ist auch irgendwie anders. Anders auf eine bessere Art: Es ist ein „Besser-als-ein-Buch“-Buch. Zwar ist es, wie andere auch, dem Mehrfacheinsatz von 26 Buchstaben und 10 Ziffern zu verdanken. Aber diese euch vorliegende spezielle Kombination sollte als Produkt nicht unterschätzt werden: Denn sein Besitz beseitigt umgehend alle Unannehmlichkeiten, die durch dessen Nichtbesitz verursacht werden.

Beispiel gefällig?

Dieses Buch vermindert die Wahrscheinlichkeit, dass ihr in einen Unfall verwickelt werdet, weil es eure Wachsamkeit gegenüber der Möglichkeit von Unfällen wegen des Lesens dieses Satzes aktuell erhöht.

Das ist doch eine gute Nachricht, gell?

Aber ich halte jede Wette, dass irgendwo in irgendeiner Meckerecke sitzend irgendwelche Miesmacher meinen: Im Gegenteil – dieses Buch erhöht die Wahrscheinlichkeit, dass ihr in einen Unfall verwickelt werdet, weil es eure Wachsamkeit gegenüber der Möglichkeit von Unfällen wegen des Lesens dieses Satzes aktuell vermindert.

War das nur Antithesenartistik?

Etwas Herumwortspielerndes?

Ja und nein!

Wir lernen auch etwas daraus. Nämlich: Dass wie bei so vielem, das die Welt ganz unbedingt braucht, auch bei diesem Büchlein ein unfallfreier Umgang nicht gänzlich garantierbar ist, aber doch immerhin so wahrscheinlich wie beim entmilitarisierten Einsatz einer Klofuß-Umpuschelung aus Flokati.

Ist natürlich auch irgendwie Glaubenssache. Lasst es mich euch so kundtun: Ich für meinen Teil glaube fest daran, dass dieses Buch mit seiner genau kalibrierten DIN-Dicke schon in all jenen Haushalten unverzichtbar ist, in denen ein Tischbein kürzer ist als die anderen.

So weit mein Glaubensbekenntnis als Kurzmitteilung.

Und als notorischer Hoffnungsheger hege ich unverhohlen auch noch die – wie könnte es anders sein – Hoffnung, dass sich aus meinen textuellen Anstrengungen weitere Nützlichkeiten ergeben. Plus: Dass sie ein gerüttelt Maß an Mathe-Fantastics enthalten nicht nur für Fans, sondern ebenso für alle, die der Mathematik die Freundschaft aufgekündigt haben.

Kurzum: Dieses Buch als Denk-Happening, das zwischen zwei Deckeln die wildeste Mathematik, die es gibt, versammelt, ist als Gegenteil einer Anti-Mathe-Horror-Show gedacht.

Ein Vorwort ist das jetzt formal nicht mehr, aber immerhin ein Fast-Vorwort, das hier im Abspann noch in Kleingedrucktes übergeht:

> „Ich habe bemerkt", sagte Herr K, „dass wir viele abschrecken von unserer Lehre dadurch, dass wir auf alles eine Antwort wissen. Könnten wir nicht im Interesse der Propaganda eine Liste der Fragen aufstellen, die uns ungelöst erscheinen?" (Bertold Brecht: Geschichten vom Herrn K)

Aber Obacht: In meinem Geschichtenbuch geht es nicht um Geschichten vom Herrn Brecht seinem Herrn K, sondern von meinem Herrn K und seiner ganzen K-Familie.

Auch gibt es nicht erst lang und breit eine Kennenlernsause. Vielmehr geht es gleich los und zur Sache. Also dann. Starter, die Fahne! Aufi.

Der Autor

Christian Hesse wurde 1960 im südostsauerländischen Oberkirchen unter erschwerten Bedingungen geboren. Ein Vierteljahrhundert später promovierte er nichtsdestotrotz an der Elite-Universität Harvard in Cambridge, Massachusetts, USA, in der extremsten aller Wissenschaften. Seit 1991 ist er Professor für Mathematik an der Universität Stuttgart. Mit seiner Familie lebt er in Mannheim.

Einen Seitenscheitel trägt er schon lange nicht mehr, dafür eine stärker werdende Dauersehhilfe. Er ist zwar Rechtshänder, aber viel lieber Querdenker. Die Idee, zwei bebilderte Bücher mit Geschichten vom Zufall zu füllen, entstand, als er morgens beim Einkaufen von einem Regenschauer überrascht wurde, sodass ihm sein wasserundichtes Croissant entglitt, wodurch er an seinen letzten Ausflug in den Odenwald dachte, bei dem er Pilze suchte, aber keine fand.

Als derzeitiges Haupthobby nennt er Wohnen, doch ohne Rumlungern oder sonstiges Unverrichten der Dinge. Vielmehr fragt er sich immer irgendwas, zum Beispiel seit 30 Jahren chronisch, wie zufällig der Zufall eigentlich ist.

Sein Nebenhobby besteht darin, starken Kaffee in etwas Lesenswertes umzuwandeln. Hektoliterweise Koffeinsaft mündeten auch in dieses Buch. Möge es lesenswert sein.

Inhaltsverzeichnis

1

Vom Anbeginn des Rechnens mit Zufällen

Offenbart, woraus die Mathematik des Zufalls entsprang. Und wie sexy sie ist

C.H. Hesse, *Warum deine Freunde mehr Freunde haben als du*, DOI 10.1007/978-3-662-53130-3_1

Wo sind wir?
Noch ganz am Anfang, doch schon mittendrin statt nur dabei: K-Tharina hält nämlich gerade ein Referat im Matheunterricht. Und wie es der Zufall so will, geht es bei diesem Referat um die Mathematik des Zufalls. Hören wir also mal rein, was K-Tharina so erzählt:

Gott würfelt nicht, aber er spielt gerne Memory

„Seit Tausenden von Jahren gibt es Menschen, die Mathe machen. Mathemachen fing damit an, als Handel getrieben, Land vermessen und Kalender erstellt wurden. Das funktioniert nur, wenn man ein Stück weit mit Zahlen, Formeln und Figuren umgehen kann. Die Mathematik begann also irgendwann mit Arithmetik und Geometrie. Ihr genauer Ursprung verliert sich hinter dem dichten Schleier der Vor-Geschichte.“

Apropos: Geschichte und Geometrie: Bei diesem Stichwort unterbrechen wir für eine vorgeschichtliche Kurzdurchsage und schalten dafür um in die Steinzeit. Ein Urzeitmensch hat einen Sichtschutz aufgespannt und sagt zu einem anderen ... Aber seht selbst:

So weit das bebilderte Zwischenspiel.
Und wir sind zurück beim Referat von K-Tharina:

„Geometrie ist also eine ziemlich alte Sache. Gäbs ein Seniorenheim für Teilgebiete der Mathematik, könnte man sie dort besuchen. Geometrie beschäftigt sich mit Punkten, Linien, Kreisen, Quadraten und anderen räumlichen Objekten. Und zwar schon so lange, wie es Mathe gibt und Menschen gibt, die Mathe machen."

Interessant, was K-Tharina so alles erzählt, oder?

Also nehmen wir ihren Erzählfaden gleich wieder – und jetzt etwas länger – auf:

„Womit die Mathematiker sich aber erst sehr viel später beschäftigt haben, ist der Zufall. Das hat mehrere Gründe. Selbst der alte Aristoteles ist mitverantwortlich dafür. Denn schon vor mehr als 2000 Jahren hatte er verkündet, dass das ganze Gebiet der Zufälligkeit nicht erforscht werden kann, und zwar aus Prinzip. Was Aristoteles sagte, hatte so viel Gewicht, dass noch im Mittelalter an seiner Meinung nicht gezweifelt wurde. Was er sagte, galt als wahr. Ohne Verfallsdatum!

Nun könnte jemand sagen: ‚Keiner sollte so große Autorität haben, dass er mit einem guten Spruch die Forschung für mehr als ein Jahrtausend aufhalten kann.‘ Und der Meinung bin ich auch.

Zum Glück gab es auch vor ein paar Jahrhunderten Wissenschaftler, die ebenfalls dieser abweichenden Meinung waren und probierten, etwas über den Zufall herauszufinden. Also zu überlegen, ob auch der Zufall irgendwelche Eigenschaften hat oder vielleicht sogar Gesetzen gehorcht.

Das hört sich erst mal ziemlich widersinnig an, weil die meisten Menschen den Zufall als etwas Chaosmäßiges verstehen, das sich nach keiner Richtlinie richtet, keine Muster bildet oder Regeln befolgt. Also eben unregelmäßig erscheint.

Ein paar schlaue Mathemacher haben aber geahnt, dass das so nicht stimmt, ja ganz anders ist. Und tatsächlich: Auch der Zufall ist nicht regellos, auch er erfüllt Gesetze und hat Regelmäßigkeiten. Sogar ziemlich viele Gesetze und Regeln. Selbst er ist ein Stück weit geordnet. Ja, ganz im Ernst!

Die ersten mathematischen Untersuchungen über die Zufallsgesetze wurden an Glücksspielen vorgenommen. Das war echte Pionierarbeit. Intellektuelle Großtaten. Sie fanden im 17. Jahrhundert statt. Auslöser waren mehrere Briefe zwischen den beiden Gelehrten Blaise Pascal (1623–1662) und Pierre de Fermat (1607–1665).

Ihr gemeinsames Hobby bestand darin, sich schwere Matheprobleme hin und her zu schicken und Lösungen dafür auszutüfteln. Die haben sie dann brieflich diskutiert. Die Lösung eines dieser Probleme war der Anfang einer Theorie des Zufalls, die auf Mathematik beruht. Heute heißt diese seitdem stark ausgebaute und enorm mächtige Gedankenmontage *Wahrscheinlichkeitstheorie*. Und ihre Start-up-Plattform ist das *Teilungsproblem*.

Dieses legendäre Problem hat viele bekannte Rechenmeister, allesamt keine Otto Normalmathematiker, sehr stark beschäftigt. Ja, zwischen ihnen zu zänkischen Diskussionen geführt. Bis hin zu offenem Streit. Auch Mathemacher machen manchmal Zoff. (War damals so, ist heute so. Ergänzung des Autors)

Zurückverfolgen lässt sich das Teilungsproblem bis ins 15. Jahrhundert, bis zu einem Gelehrten mit dem Namen Luca Pacioli (ca. 1445–ca. 1514), dem bekanntesten Rechenmeister der italienischen Renaissance. Er hatte es sich ausgedacht."

Habt ihr Lust, darüber nachzudenken? Oder wenigstens das Problem mal zu hören?

Hier ist die Aufgabe, die es stellt:

Spieler *A* und Spieler *B* haben einen Einsatz von je 14 Dukaten geleistet. Um den Gesamteinsatz spielen sie ein Glücksspiel, das aus mehreren Runden besteht. In jeder

Runde wird durch Wurf einer fairen Münze der Rundensieger bestimmt. Spieler A und Spieler B haben vereinbart, dass der Erste, der fünf Runden gewinnt, den Gesamteinsatz bekommt. Bei einem Spielstand von 4:3 für Spieler A muss wegen höherer Gewalt die Spielserie abgebrochen werden. Was ist die gerechte Aufteilung des Gesamteinsatzes an die beiden Spieler bei diesem Spielstand?

Man kann über die faire Aufteilung geteilter Meinung sein, wenn sich auch unter Mathematikern schließlich eine Sichtweise durchgesetzt hat. Vielleicht hat jemand Lust, sich eine eigene Meinung zu bilden. Hier habt ihr die Gelegenheit über fünf Jahrhunderte hinweg, die Gedankenwelt der Top-Mathe-Matadore von damals zu berühren. Durch die Beschäftigung mit einem wissenschaftshistorisch wegweisenden Problem.

Also: Wenn man euch gefragt hätte, wie hättet ihr die 28 Dukaten an die beiden Spieler aufgeteilt?

Das mit dem Aufteilen ist ja so eine Sache. Als der amerikanische Baseballspieler Dan Osinski einmal eine Pizza bestellte und die Serviererin ihn fragte, ob sie die in sechs oder acht Stücke aufteilen solle, sagte der Baseballstar: „Lieber in sechs, denn acht kann ich nicht essen."

Aber bleiben wir beim Aufteilungsproblem der 28 Dukaten.

Eine ganze Menge verschiedener Vorschläge wurde gemacht. Luca Pacioli, der Meister himselber, meinte, der Gesamteinsatz sollte einfach im Verhältnis der von beiden Spielern gewonnenen Spiele aufgeteilt werden, also im Verhältnis 4:3. Das ergibt den Anteil $4/(4+3) = 4/7$ von 28 Dukaten für Spieler *A*. Er bekommt davon genau

$$\frac{4}{7} \cdot 28 = 16$$

Dukaten.

Na gut, das ist mal eine Meinung. Niccolo Tartaglia (1499–1557) aus Verona, berühmt geworden durch seine Leidenschaft für Gleichungen vom Typ

$$x^3 + px = q$$

und noch mehr durch den Streit, den er darüber mit einem anderen Mathematiker hatte, war nicht derselben Ansicht. Er meinte, der Topf sollte im Verhältnis 3:2 gesplittet werden.

Er hatte sich das so überlegt: Spieler A erhält erstens für jeden der benötigen Siege 1 Dukaten, also 5, und dann auch noch die Differenz zwischen der Anzahl seiner Siege und seiner Verluste. Dasselbe wird für Spieler B veranschlagt. Diese beiden Zahlen werden dann ins Verhältnis gesetzt.

Blaise Pascal kam noch mit einem anderen Vorschlag aus der Deckung. Der beruhte auf einem possierlichen Gedankenexperiment: Würde Spieler B das nächste Spiel gewinnen, so hätte er Gleichstand erreicht. Bei diesem ausgeglichenen Spielstand bekämen dann beide Spieler je eine Hälfte des Gesamteinsatzes.

Aber Spieler B hat ja bei Abbruch nicht Gleichstand erreicht, er besitzt nur eine bestimmte Chance auf Gleichstand. Diese Chance ist fifty-fifty. Denn er hat genau dieselbe Chance, das folgende achte Spiel zu verlieren, wie es zu gewinnen. Deshalb bekommt er nur die Hälfte von der Hälfte der Gesamtsumme, also 1/4.

Entsprechend erhält Spieler *A* 3/4, also dreimal so viel. Der Gesamteinsatz wird somit im Verhältnis 3:1 zugunsten von Spieler *A* aufgeteilt. Das sind 21 Dukaten für ihn und 7 für seinen Gegenspieler.

Pascals Überlegung bei seinem Gedankenspielchen ist ziemlich kreativ. Denn sie enthält ein für damalige Zeiten ganz neues Element: Er bezieht den möglichen Weiterverlauf der Spielserie in die Zukunft mit ein. Dieses Weiterdenken in die Zukunft ist in seiner Ideenkette der Star der Stunde. Denn so ist vorher noch nie gedacht worden.

Pierre de Fermat hat die Denkweise von Pascal noch etwas verfeinert und systematisiert. Pascal hatte ja, wie wir gerade gesehen haben, schon den Fortgang berücksichtigt. Auch Fermat setzt die Spielserie in Gedanken fort. Aber nicht allein den Ausgang der nächsten Runde. Er bezieht alle möglichen Verläufe der Spielrunden bis zum Gesamtsieg eines der beiden Spieler ein. Dann zählt er ab, bei wie vielen dieser Verläufe Spieler *A* und bei wie vielen Spieler *B* gewinnt. Den Gesamteinsatz teilt er anschließend im Verhältnis dieser beiden Zahlen auf.

Setzten wir die von Pascal und Fermat gefertigte Ideen-Collage mal konkret um: Leicht erkennbar kann die Spielserie nur höchstens noch zwei weitere Spiele dauern, bis der Sieger feststeht. Die folgende Tabelle zeigt alle möglichen Verläufe auf:

Sieger von Spiel 8	Sieger von Spiel 9	Gesamtsieger
A	*A*	*A*
A	*B*	*A*
B	*A*	*A*
B	*B*	*B*

Demnach ist Spieler *A* der Sieger in drei Fällen und Spieler *B* Sieger in nur einem Fall.

Um von dieser Fallauszählung zu einer Aufteilung der Einzahlungssumme zu kommen, argumentierte Fermat, dass alle vier möglichen Verlaufsformen dieselben Chancen haben. Und dass deshalb die Gewinnaussichten von Spieler *A* dreimal so groß sind wie die von Spieler *B*. Folglich sollte er auch von dem eingezahlten Geld dreimal so viel erhalten wie Spieler *B*. Das ist derselbe Schluss wie bei Pascal: 21 Dukaten für Spieler *A*, 7 Dukaten für Spieler *B*.

Diese Aufteilung hat sich mit der Zeit unter den Mathematikern als die fairste durchgesetzt.

Nicht überraschend, dass es die Mathematik war, die die ersten handfesten Dinge zum Zufall sagen konnte. Mathe hilft. Gilt bis heute.

Bis heute bleibt sie die Wissenschaft, die intellektuell den Zufall zähmt. Dabei ist es auch ihr natürlich nicht möglich, den Zufall durch Rechnung auszuschließen, aber immerhin doch möglich, die Gesetze und Regeln, nach denen er funktioniert, nach und nach immer besser zu verstehen. Wie es mal jemand etwas schnodderig auf den Punkt brachte: „Zwar ist der Zufall zufällig, aber er muss dabei verdammt viele Gesetze erfüllen.“ Fürwahr!

So viel zum Anfang der Analyse des Zufalls.

Kein schlechter Anfang für dieses Buch, wie ich finde. Eigentlich sogar ein ganz guter. Und wie ein Sprichwort sagt, das ich mir gerade ausgedacht habe: Nicht alles, was gut anfängt, muss unbedingt schlecht enden. Ein gutes

Ende ist natürlich auch für dieses Buch angestrebt. Doch vor dem Ende kommt noch der Teil mit allem, was ich mir für die Zeit davor überlegt habe. Und der beginnt jetzt.

Zur gebührenden Einstimmung darauf will ich erst noch schnell versuchen, möglichst effektvoll zu schweigen. Dann melde ich mich wieder mit der nächsten Überschrift.

2

Die große Spaghetti-Verwirrung

Illustriert, wie verrückt geometrische Wahrscheinlichkeiten sind. Und dass sich der Zufall tausendfach tricky verhält

C.H. Hesse, *Warum deine Freunde mehr Freunde haben als du*, DOI 10.1007/978-3-662-53130-3_2

Okay, Geometrie. Das heißt für die meisten zum Beispiel Pythagoras. Der Name steht in jeder Mathe-People-Bibel. Pythagoras und sein fesches Posting über rechtwinklige Dreiecke. Ihr wisst schon: Das Quadrat über der Hypotenuse ist . . .

Für die etwas Fortgeschritteneren (übrigens: hier wie auch sonst sind immer Männlein und Weiblein gemeint, denn ich ungleichberechtige nicht) bedeutet Geometrie auch noch: Euklid mit seinen fünf Wälzern zum selben Thread.

Euklid ist auch Kult. Auf seine Art wurde fast zwei Jahrtausende in den Schulklassen rund um den Globus Geometrie unterrichtet. Und man dachte lange, dass seine Art, Geometrie zu machen, die Art ist, wie auch das Universum selbst seine Geometrie macht. So lange dachte man das, bis ein Mann namens Einstein kam und uns eines Besseren belehrte.

Also, immer noch Geometrie. Das bedeutet Punkt, Punkt, Komma, Strich ... Stopp!

Noch mal: Das bedeutet Punkt, Gerade, Kreis, Dreieck usw. Jetzt ist es richtig.

„Was aber haben Punkt, Gerade, Kreis, Dreieck denn mit Zufall zu tun?“, werden einige von euch jetzt denken.

Scheinbar erst mal nicht so viel, aber man kann auch mit diesen geometrischen Accessoires ganz leicht seine Zufallsspielchen spielen. Nichts anderes hat zum Beispiel einst der Graf von Buffon gemacht, der schon im ersten Band auftauchte. Dort wurde erzählt, wie er seinen Spieltrieb auslebte, indem er lange Stangenbrote auf den gekachelten Küchenboden warf. Wie im Reich des Geistes üblich, fragen wir nicht, warum er so etwas Verrücktes tat, sondern etwas Leichteres:

Mit welcher Wahrscheinlichkeit schneidet denn ein willkürlich geworfenes Stangenbrot eine der Fugen zwischen den Küchenkacheln?

Mathemacher sind wohl die einzige irdische Lebensform, die sich ohne Einnahme bewusstseinserweiternder Substanzen zwanglos solche Fragen stellt. Eine segensreiche Fragestellung ist es nichtsdestoweniger, auf die es erstens eine erstaunliche Antwort gibt und zweitens man wirklich erst einmal kommen muss.

Das bezaubernd Erstaunliche daran ist, dass diese fast schon jenseitige Wahrscheinlichkeitsfrage enorm viel mit der Kreiszahl Pi zu tun hat. So erschütternd viel, dass Seismologen mehr zu messen haben als bei einem Erdbeben am Sankt-Andreas-Graben.

Nein? Nicht vergleichbar? Na dann eben nicht. Aber wartet doch erst mal ab, was ich dazu zu sagen habe.

Präzise ausgedrückt lautet der bestehende Zusammenhang zwischen Pi und Baguettes so: Ist das Baguette halb so lang wie der Abstand zwischen den horizontalen Fugen, dann schneidet ein ganz willkürlich geworfenes Baguette eine solche Fuge mit einer Wahrscheinlichkeit, die gleich dem Kehrwert von Pi ist.

Wat säht uns dat? (So sagt man da, wo ich herkomme.)

Es sagt uns zum Beispiel, dass wir eine handliche Annäherung an die Kreiszahl finden können: einfach ein Baguette öfters wahllos werfen und den Anteil der Würfe mit Überschneidung der Fugen bestimmen. Der Kehrwert dieses Anteils ist ungefähr Pi.

Und je öfter ich das Stangenbrot werfe, desto mehr gesicherte Dezimalen von Pi bekomme ich.

Das Verfahren ist aber alles andere als höllisch schnell. Der Algorithmus stürmt die Pi-Dezimalen nicht in rasantem Tempo entlang. Im Gegenteil, er trödelt und bummelt beschaulich. Nach einer Million Würfen hat man als Lohn dieser Mühe: zwei gesicherte Nachkommastellen. Nicht mehr. Aber immerhin, it works.

Ist man philosophisch angehaucht, könnte man die Pi-Annäherung als Sinn des Werfens von Stangenbroten überhaupt ansehen. Kennt ihr sonst einen Grund, warum man Stangenbrote in ihrer Eigentlichkeit real oder gedanklich überhaupt werfen sollte?

Hier jedoch kommt noch einer. Ein gänzlich anderer ist es aber nicht. Im Formulierungsvollrausch könnte man ihn *die Inversion der Pi-Approximation durch Multi-Baguette-Katapultion* nennen.

Macht doch ziemlich was her, diese Headline, oder etwa nicht?

Und dieser umgekehrte Ansatz, bei dem das Pferd von hinten aufgezäumt wird, ist sogar erkenntnismehrend. Wozu den großen Fleiß des Immer-wieder-Werfens aufbringen, nur um mit einem Stangenbrot bekannter Länge eine Annäherung an die Kreiszahl zu berechnen? Denn der Wert von Pi ist ja bekannt.

Lohnender ist dagegen das konträre Engagement, mit dem *bekannten* Pi die *unbekannte* Länge der Stange Brot zu berechnen. Oder irgendeiner anderen geworfenen Strecke.

Ja, mehr noch, man kann auch die unbekannte Länge irgendeines Objekts berechnen, selbst wenn es sich bei diesem nicht um eine Strecke handelt, sondern um eine beliebige Kurve. Denn die lässt sich als zusammengesetzt denken aus vielen kleinen kurzen Streckenstücken. Dann muss in der Berechnung nur der Anteil der Würfe mit Überschneidung ersetzt werden durch die Anzahl *aller* Überschneidungen bei *allen* Würfen, und diese Anzahl muss geteilt werden durch die Anzahl der Würfe.

Letzteres schließt übrigens den Spezialfall des Werfens einer nicht zu langen Strecke ein, denn dabei ist die Anzahl der Überschneidungen pro Wurf entweder 0 oder 1. Diese 0-1-Eigenschaft führt dazu, dass der Anteil der Würfe mit Überschneidung auch hier gleich der Gesamtzahl der Überschneidungen geteilt durch die Gesamtzahl der Würfe ist.

Diese ganze Performance hört sich vielleicht erst mal wie ein weltfremdes Glasperlenspiel für nicht-lineare Nerds an. Ohne jegliche Anwendungen in der wahren Welt und im richtigen Leben und überhaupt. Das aber trifft es nicht.

Erstens ist nichts dagegen einzuwenden, dass es ein bisschen nerdig ist. Denn Nerds sind neuerdings cool, wie ich es kürzlich in einer Zeitschrift las. Oder wie Bill Gates zu demselben Thema meinte: „Seid nett zu Nerds. Denn wahrscheinlich werdet ihr bald für einen arbeiten."

Und nicht zuletzt zweitens: Selbst Mutter Natur setzt dieses Verfahren ein. Da staunt ihr, he? Und zwar bei Ameisen.

Ameisen sind waschechte mathematische Schlaumeier. Ohne ihr Mathenaturell wären sie was anderes. Mathematik ist generell der M-Faktor für tauglich, dienlich, nützlich, schlau. Und genau den setzen Ameisen schlau-x-genau für ihre Zwecke ein.

Zum Beispiel in Form des Buffon'schen Nadelalgorithmus. Auf diesen besitzt die Ameisenart *Leptothorax albipennis* das Copyright. Denn lange bevor der Graf Buffon seine Stangenbrote fallen ließ, vermaßen schon Mitglieder dieser Ameisenart die Größe von Hohlräumen auf selbige Weise.

Wenn nämlich eine Kolonie dieser Art, die typischerweise aus einer Königin und etwa 100 Drohnen besteht, gezwungen ist, ihre aktuelle Unterkunft zu verlassen, dann schickt die Königin einen Späher aus, der den Auftrag erhält, eine neue Bleibe für die Kolonie auszukundschaften.

Etwa eine Höhle. Dabei gibt es strenge Anforderungen an die Größe der Höhle. Sie darf weder zu klein noch zu groß sein. Für den Grundriss gibt es eine von den Ameisen bevorzugte Größe.

Doch wie stellen die Späher fest, ob eine Höhle vom Grundriss her zu groß, zu klein oder gerade richtig ist?

Die geniale Idee der Natur besteht darin, das Verfahren von Buffon einzusetzen. Schon ein paar Hundert Millionen Jahre bevor es Buffon gab.

Die Ameisen machen es so: Der Späher läuft auf der Fläche zunächst eine gewisse Zeit lang rein willkürlich hin und her. Was macht er da? Man könnte ihn vielleicht für einen verhaltensgestörten Bewegungslegastheniker halten. Vielleicht ist ihm aber auch nur langweilig. Vielleicht ist ihm übel. Viele Vielleichts. Alles weit gefehlt.

Es steckt ein ausgeklügeltes mathematisches System hinter seinen läuferischen Lockerungsübungen. Der Späher ist ein Aktiv-Mathemacher, eine Ein-Mann-Mathemannschaft. Denn er hinterlässt beim Laufen eine Pheromonspur. Er will die Landschaft vermessen. Und was er da treibt, ist der erste Akt seiner Landschaftsvermessungschoreografie.

Anschließend verlässt er erst mal diese Höhle, sucht weitere infrage kommende Höhlen auf und bearbeitet die in derselben Weise, um auch sie auszumessen. Später kehrt er zu den schon früher besichtigten Höhlen zurück. Diese hatte er ja beim ersten Besuch mit seiner Pheromonspur markiert.

Jetzt beim zweiten Vorbeischaun läuft der Späher wiederum völlig willkürlich und beliebig hin und her.

Wieso, weshalb? Darum: Unabhängig vom ersten erzeugt er einen zweiten Zufallspfad. Bei diesem zweiten Lauf ist er außerdem hoch konzentriert. Immer wenn sein Laufweg nämlich seine frühere Pheromonspur überkreuzt, registriert er dies, und ein Zählmechanismus in seinem Ameisenhirn schaltet um 1 weiter.

Am Ende seiner etwa gleich lang gehaltenen Zweit-Irrfahrt „weiß" der Späher, wie viele Überschneidungen es zwischen beiden Zufallswegen im Terrain gibt.

Und aus dieser Wenig-Info kann sein Ameisenoberstübchen auf die Größe der Höhle zurückrechnen. Mathematisch gesehen, ist die Größe des Grundrisses der abgeschrittenen Fläche umgekehrt proportional zur Anzahl der gezählten Überschneidungen. Je mehr Überschneidungen festgestellt wurden, desto kleiner die Grundfläche. Und je weniger Überschneidungen es gab, desto größer die Fläche.

Toll, nicht wahr?

Wie war das noch? Nur Ameisen können, was Ameisen können. Oder so ähnlich jedenfalls.

So viel zu den außergewöhnlichen Fähigkeiten dieser umtriebigen Tierchen.

Jetzt geht's wieder zurück zu Familie K. Aber gemach.

Erst posten wir noch ein anderes Beispiel für die Beziehung zwischen Geometrie und Zufall. Es geht auf Joseph Bertrand zurück und wird ihm zu Ehren als Bertrand'sches Paradoxon bezeichnet.

Dieser Joseph Louis François Bertrand lebte von 1822 bis 1900 und war ein französischer Mathematiker. Schon früh entpuppte er sich als Wunderkind: Bereits mit neun Jahren besaß er Einblicke in Algebra und Geometrie und sprach fließend Latein. Mit elf Jahren wurde er an einer Pariser Elite-Universität zum Studium zugelassen und machte dort zum legal frühestmöglichen Zeitpunkt – mit 16 Jahren – seinen akademischen Abschluss. Schon ein Jahr später erhielt er den Doktortitel und veröffentlichte seine erste mathematische Arbeit. Kurzum: ein universitär unterforderter Überflieger.

Bertrand hat zahlreiche Bücher geschrieben. Für das, was ich mit euch besprechen will, ist sein Buch über Wahrscheinlichkeitsrechnung (*Calcul des probabilités*) von 1889 besonders wichtig.

Es ist ein bemerkenswertes Werk, auch aufgrund seiner zahlreichen Druckfehler und inhaltlicher Versehen, der nachlässigen Präzision bei Formulierungen von Problemen, der Abwesenheit jeglicher Zeichnungen. Aber eben auch wegen der neuartigen und in vielen Köpfen viel Verwirrung stiftenden Paradoxie. All das hat Bertrand in literarisch fesselndem Stil präsentiert.

Zur Bertrand'schen Paradoxie kommen wir mit der folgenden Frage:

Man nehme einen Kreis mit Radius 1. Darin werde rein zufällig eine Sehne eingezeichnet. Wie groß ist die Wahrscheinlichkeit, dass diese zufällige Kreissehne größer ist als die Quadratwurzel aus 3?

An sich ist das präzise und eindeutig formuliert. Doch was sich als Antwort herausstellen wird, ist alles andere als eindeutig, mit ins Philosophische reichenden Konsequenzen für das, was es heißt, *zufällig* zu sein.

Seine Paradoxie hat Bertrand zu dem gemacht, der er heute ist: eine zeitlose Berühmtheit unter Wahrscheinlichkeitswissenschaftlern. Und die Paradoxie zu einem Must-Invite für jede Mathe-Motto-Party zum Zufall.

Machen wir uns auf den Weg zur Antwort. Damit wir sie leichter finden können, ist es nützlich, mit ein paar Vorbereitungen anzufangen.

Als Erstes denken wir uns in den Kreis ein gleichseitiges Dreieck eingezeichnet. Das für uns Verwertbare daran ist, dass alle Seiten dieses Dreiecks genau $\sqrt{3}$ Längeneinheiten lang sind. Das werden wir gleich sehen.

Und dass der Kreis der Umkreis dieses Dreiecks ist. Das sieht man ohne Augenaufschlag.

In dieses Dreieck denke man sich nun auch noch seinen Inkreis eingezeichnet. Dessen Radius ist genau halb so lang wie der Radius des Umkreises. Das sieht man mit einer ganz einfachen Überlegung zur Ähnlichkeit bei Dreiecken.

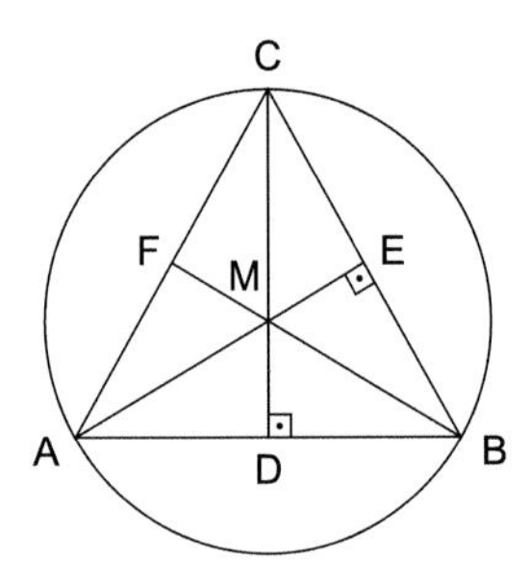

Die Dreiecke *MEC* und *CDB* besitzen jeweils gleich große Winkel. Solche Dreiecke nennt man *ähnlich*. In ähnlichen Dreiecken sind die Längenverhältnisse entsprechender Seiten gleich. Das Verhältnis der Hypotenusen der beiden Dreiecke ist der Quotient aus Umkreisradius und Dreiecksseite. Dieses Verhältnis ist gleich dem Verhältnis der kürzeren Katheten, was wiederum der Quotient aus Inkreisradius und halber Dreiecksseite ist. Demzufolge ist der Inkreisradius halb so groß wie der Umkreisradius, also 1/2.

Nun zu dem schon erwähnten Punkt: Wie lang sind die Seiten im gleichseitigen Ausgangsdreieck?

Easy, denn wir wenden einfach auf das Dreieck *CDB* den guten alten Pythagoras an. Die Hypotenuse ist gerade die Seite a des gleichseitigen Ausgangsdreiecks, die kürzere Kathete ist halb so lang, und die andere Kathete ist die Seite *CD*, deren Länge die Summe von Inkreis- und Umkreisradius ist, also 3/2. Damit ist die Hauptleistung erbracht, denn pythagoreisch kommen wir zu

$$a^2 = \left(\frac{a}{2}\right)^2 + \left(\frac{3}{2}\right)^2,$$

woraus sich sofort $a = \sqrt{3}$ ablesen lässt.

Ende vom Foreplay. Und nun?

Ach ja. Vor dem ersten richtigen Anlauf zur Lösung noch eine Absprache: Statt von Sehne sprechen wir lieber von Spaghetti. Weil Spaghetti einfach besser schmecken und weil ja sonst der Titel dieses Kapitels gar keinen Sinn machen würde: ohne Spaghetti keine Spaghetti-Verwirrung.

Wir nehmen also aus einer Pasta-Packung eine Spaghetti-Nudel und legen sie rein zufällig über den Kreis. Und jetzt ... erster Anlauf!

Das einbeschriebene Dreieck innerhalb des Kreises ist beliebig rotierbar. Man rotiere es gedanklich so, dass eine seiner Ecken mit einem Ende der Nudel zusammenfällt. Der andere Endpunkt ist dann ein anderer Punkt P auf der Kreislinie. Das Dreieck teilt die Kreislinie in drei gleiche Teile. Nur Punkte P auf dem gegenüberliegenden Kreislinienteil führen dazu, dass die Spaghetti-Nudel länger ist als die Dreiecksseite.

Wenn man sich unter zufälliger Wahl der Nudel vorstellt, dass ihr Endpunkt ganz willkürlich auf der Kreislinie gewählt wird, so ist mit Wahrscheinlichkeit 1/3 die Nudel länger als die Dreiecksseiten, da der Endpunkt exakt in einem von drei Fällen in den gegenüberliegenden Bereich fällt.

Die Antwort auf die Frage ist also 1/3.

Kurz gepaust. Dann ... zweiter Anlauf.

Man nehme einen beliebigen Radius des Kreises und denke sich das gleichseitige Dreieck so rotiert, dass eine seiner Seiten senkrecht zum Radius liegt. Dann wird willkürlich ein Punkt P auf diesem Radius gewählt. Geht die Spaghetti-Nudel durch diesen Punkt und liegt senkrecht zum Radius, dann ist sie länger als die Dreiecksseiten, wenn der Punkt P innerhalb des Inkreises liegt, also einen kleineren Abstand von M hat als der Inkreisradius r. Da dieser halb so groß ist wie der Umkreisradius, tritt dies im Schnitt in einem von zwei Fällen auf.

Die Antwort auf die Frage ist also 1/2.

Nein, diesmal keine Pause, sondern sofort weiter ... dritter Anlauf.

Man wähle willkürlich einen Punkt P auf der Kreisscheibe. Liegt unsere Spaghetti-Nudel so, dass der Punkt P ihr Mittelpunkt ist, dann ist sie länger als die Dreiecksseiten, wenn der Punkt P im Inkreis liegt. Die Wahrscheinlichkeit dafür ist der Quotient aus Inkreisfläche $\pi \cdot r^2$ und Umkreisfläche $\pi \cdot R^2$. Da das Verhältnis der Radien 1:2 ist, ist das Verhältnis der Kreisflächen 1:4.

Die Lösung ist also 1/4.

Was haben wir?

Hm, wir haben eine Frage, aber drei verschiedene Antworten. Bizarr, oder?

Ja, ganz klar bizarr.

Diese Sache ist deshalb so seltsam, weil die gestellte Frage nicht nur eine plausible Antwort liefert, sondern gleich drei plausible Antworten, die – und das ist das verwirrende – alle grundverschieden sind.

Die Kuriosität entsteht daraus, dass es mehrere Möglichkeiten gibt, die Vorstellung einer „rein zufällig ausgewählten Sehne" in die Tat umzusetzen. Deshalb ist Bertrands Frage, obwohl vermeintlich eindeutig, letztlich doch zu ungenau gestellt. Sie erlaubt Spielraum für Interpretationen. Die Vorstellung einer Zufallsauswahl kann auf unterschiedliche Weise in eine mathematische Tat umgesetzt werden.

Was wir eben in drei verschiedenen Anläufen und ziemlich spielerisch durchexerziert haben, wollen wir jetzt abstrakt und insofern präzise angehen. Und wir steigen langsam ein.

Im Abstrakten mutiert die Spaghetti-Nudel wieder zu einer Sehne. Zu einer mathematischen Sehne: Das, was mir bleibt, wenn ich eine Kreisfläche mit einer Geraden schneide. Also ein kleines Stück Strecke zwischen zwei Punkten einer Kreislinie.

Jetzt schaffen wir im Wirrwarr der Zufallsmöglichkeiten etwas Ordnung. Indem wir uns auf das Wesentliche konzentrieren und die unwichtigen Schnörkel und Zugaben entfernen.

Also: Ist die Sehne rein zufällig gewählt, ändert sie ihre Länge natürlich nicht, wenn wir den Kreis um seinen Mittelpunkt so drehen, dass der Anfangspunkt der Sehne der am weitesten rechts liegende Punkt der Kreisfläche ist und ihr Endpunkt auf dem Halbkreis oberhalb der Horizontalen liegt.

Will man das zahlenmäßig festzurren, legt man über den Kreis ein Koordinatensystem. Und zwar so, dass dessen Ursprung der Mittelpunkt des Kreises ist und dessen x-Achse durch den am weitesten rechts liegenden Punkt des Kreises geht.

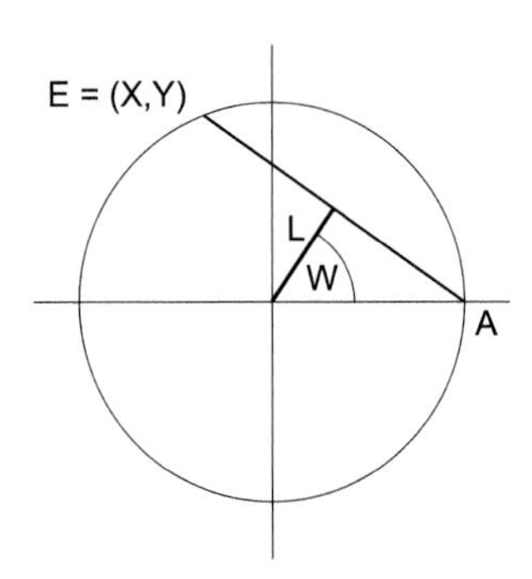

In diesem Setting ist der Punkt mit den Koordinaten (1, 0) der Anfangspunkt A der Sehne, und ihr Endpunkt E ist der Punkt (X, Y) mit einem $Y \geq 0$ und $X^2 + Y^2 = 1$.

Die Länge L bezeichnet den senkrechten Abstand von der Sehne zum Kreismittelpunkt, und W ist der Winkel zwischen dieser senkrechten Abstandslinie und der Horizontalen. Bei rein zufälliger Wahl der Sehne sind natürlich auch die Größen L, W, X allesamt zufällig. Sie können über die folgenden Bereiche streuen:

$$0 \leq L \leq 1,$$

$$0 \leq W \leq \frac{\pi}{2},$$

$$-1 \leq X \leq 1.$$

Zeichnet man in den Kreis nun ein gleichseitiges Dreieck so ein, dass einer der Dreieckspunkte der Anfangspunkt $A = (1,\ 0)$ ist, entsteht folgendes Bild:

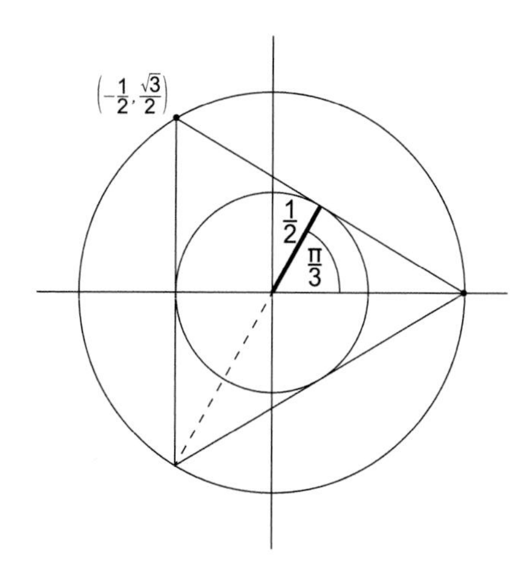

Ist das klar, oder muss man sich dazu noch was überlegen? Okay, gut.

Dann folgt das Nächste sogleich: Mit den eingeführten Bezeichnungen kann man die Dreiecksseite in der oberen Kreishälfte eindeutig charakterisieren. Es gibt sogar mehrere Möglichkeiten dafür. Nämlich durch eine dieser Festlegungen:

$$L = \frac{1}{2}$$

$$W = \frac{\pi}{3}$$

$$X = -\frac{1}{2}.$$

Nachdem das festgestellt ist, widmen wir uns nun wieder Bertrands Frage. Denn wir sind jetzt auch in diesem Setting bereit für die Antwort beziehungsweise drei Antworten: Die Zufallssehne übertrifft die Länge der Seiten des gleichseitigen Dreiecks, wenn

- L zwischen 0 und 1/2,
- W zwischen $\pi/3$ und $\pi/2$ und
- X zwischen -1 und $-1/2$

liegt.

Einverstanden?

Bei Gleichverteilung von L, W und X über ihre jeweils möglichen Variationsbereiche kann daraus jeweils die Wahrscheinlichkeit des fraglichen Ereignisses berechnet werden. Der Begriff *Gleichverteilung* bedeutet dabei, dass in den möglichen Variationsbereichen keine speziellen Werte der Zufallsgrößen gegenüber anderen Werten hervorgehoben sind.

Wie oben schon festgestellt ergibt sich nicht nur ein einziger Wahrscheinlichkeitswert als Antwort. Sondern drei. Drei eklatant verschiedene Antworten für drei ganz plausible und eigentlich als gleichwertig anzusehende Umsetzungen der Vorstellung des *rein zufälligen* Wählens einer Sehne in einem Kreis.

Ist das die Mathekalypse der Wahrscheinlichkeitstheorie?

Wait a minute. Nicht so schnell!

In Methode 1 wird ein rein zufälliger *Abstand* gewählt. In Methode 2 ist es ein rein zufälliger *Winkel* und in Methode 3 ein rein zufälliger *Punkt*.

Liegt es vielleicht genau daran, dass Monsieur Bertrands Problem keine eindeutige Lösung besitzt?

Ja, das ist richtig.

Es liegt genau daran, dass der Begriff *zufällig gewählte Sehne* nicht exakt ist und nicht nur eine einzige geometrische Umsetzung zulässt. Die drei gedanklichen Ansätze beschreiben unterschiedliche Zufallsmechanismen für die Wahl der Sehne, also unterschiedliche Methoden für das, was man Randomisierung oder Verzufallung nennt.

Selbst in einem offenbar so einfachen und scheinbar nicht zu Widersprüchen führenden Fall des rein zufälligen Ziehens einer Sehne kommt es auf das gewählte Modell an.

Die mathematisch saubere Bedeutung des Begriffs *Wahrscheinlichkeit* erfordert zur Definition die Angabe eines expliziten Mechanismus der Zufallserzeugung. Geht man bei der Interpretation des Begriffs *rein zufällig* bzw. *gleichwahrscheinlich* jeweils von verschiedenen Verfahren aus, formuliert als verschiedene Modellannahmen, so ist es nicht verwunderlich, dass wir am Ende auch zu verschiedenen Wahrscheinlichkeiten gelangen können. Das ist hier passiert.

Bertrands Problem zeigt, dass die exakte und unmissverständliche Definition der Begriffe *Zufall* und *Wahrscheinlichkeit* äußerst subtile Überlegungen erfordert.

So weit dieser Abschnitt.

Und weiter geht's. Aber wie? Ich meine, was sollen wir als Nächstes tun?

Übrigens, das ist die Standardfrage des Seins an sich: Jeder Organismus, der Gedanken denken, Fragen stellen und Dinge tun kann, steht von Augenblick zu Augenblick immer wieder vor dieser selbigen Frage: Was soll ich als Nächstes machen?

Diese Frage habe ich für mich an dieser Stelle des Manuskripts mit der folgenden Kapitelüberschrift beantwortet:

3

Mach's dir leichter, indem du es schwerer machst

Enthüllt, dass Leichteres nicht immer leichter ist als Schwereres. Und wie Erschwernisse Erleichterungen sein können

Jetzt ist es an der Zeit, auch der männlichen Hälfte der K-Familie etwas Aufmerksamkeit zukommen zu lassen. Immerhin soll dieses Buch möglichst beidseitig geschlechtergerecht und PC-mäßig ausgewogen sein.

Nun denn, also Herr K und sein Sohn Little K, sie spielen beide gerne Schach. Sie haben schon immer irgendwelche Spiele miteinander gespielt. Das allererste war Memory. Aber als dann der kleine K dem großen K nicht mehr den Hauch einer Chance ließ, verlor dieser die Lust am Memory-Spielen.

Beim Schach ist es zwischen den beiden viel enger. Gerade deshalb ist Little K auch hier super motiviert, seinen Vater zu übertrumpfen. Herr K freut sich eigentlich darüber, denn er hält diese spielerische Vater-Sohn-Rivalität für einen gesunden Entwicklungsprozess.

C.H. Hesse, *Warum deine Freunde mehr Freunde haben als du*, DOI 10.1007/978-3-662-53130-3_3

Vor Kurzem hat Little K nach mehr Taschengeld gefragt. Vater K hat geantwortet: „Wir erhöhen dein Taschengeld, wenn du von drei Partien Schach, die du abwechselnd gegen mich und deine Mutter spielst, mindestens zwei hintereinander gewinnst."

Zugespitzt gesagt: Kein unhinterfotziger Vorschlag, wie ich meine, weil Little K damit ein subtiles Entscheidungsproblem zum Nachdenken serviert bekommt. Soll er zuerst gegen den Vater oder gegen die Mutter antreten?

Antwort: Es ist besser zweimal gegen den stärkeren Vater zu spielen.

„Das glaubt jetzt sowieso erst mal wieder keiner." Diesen Satz habe ich ganz leise nur für mich und nur ins Unreine gesagt. Zugegeben: Mathematik ist keine Glaubenssache. Übrigens auch Schach nicht.

Schach ist ein Kampfspiel. Ohne Waffen ist kein Kampf zu machen. Im Schach sind die Figuren die Waffen. Was die obige Antwort betrifft, wollen wir Mathe schaffen ohne Waffen.

Nämlich sanft und in Slow Motion ganz zu Fuß: Angenommen, Little K gewinnt im Schnitt 6 von 10 Partien gegen die Mutter und 5 von 10 Partien gegen den Vater. Er muss entscheiden, ob er in der Reihenfolge *Vater – Mutter – Vater* oder eher *Mutter – Vater – Mutter* gegen seine Eltern antreten soll.

Sein Bauchgefühl flüstert ihm, dass es besser ist, zweimal gegen den schwächeren Gegner zu spielen, also zweimal gegen seine Mutter. Er entscheidet sich deshalb für die Abfolge *Mutter – Vater – Mutter*.

Jetzt sehen wir uns an, ob das gut oder schlecht ist.

Um uns beim Mathetreiben erst mal etwas treiben zu lassen, spielen wir im Kleinhirn 100 dieser Serien *Mutter – Vater – Mutter* durch. 60-mal wird der Sohn im Schnitt seine erste Partie gegen die Mutter und von diesen 60 anschließend 30-mal auch noch gegen den Vater gewinnen. Das sind schon einmal 30 günstige Fälle für den Sohnemann.

Es kommen aber noch einige hinzu: In 40 von 100 Spielserien wird der Sohn die erste Partie gegen die Mutter verlieren. Von diesen 40 Fällen gewinnt er in 20 Fällen gegen den Vater und dann in 12 von diesen schließlich seine zweite Partie gegen die Mutter. Das sind 12 weitere günstige Fälle.

Zusammengenommen verlaufen 30 + 12 = 42 von 100 Spielserien für den Sohn taschengeldmäßig positiv.

Mit dieser Denke sind wir ganz gut in Form gekommen.

Jetzt erschweren wir die Lage von Little K, indem wir ihn gedanklich zweimal gegen den Vater antreten lassen. Jedenfalls denken wir, dass es eine Erschwernis ist.

Aber ist es das wirklich? Das Bauchgefühl sagt ja. Doch manchmal ist das Bauchgefühl falsch. Und manchmal ist das Leben leichter, wenn man es sich schwerer macht.

Beispiel aus eigenem Erfahrungsschatz: Für mich ist es leichter, statt nur einer Kiste Mineralwasser, wegen der Balance, gleich zwei Kisten zu schleppen.

Kurioserweise ist es auch bei diesem Vater-Mutter-Sohn-Schachwettkampf so. Es ist ein weiteres Beispiel dafür, dass sich das Prinzip der freiwilligen Selbsterschwernis als günstig erweisen kann. Wer's nicht glaubt, mag's mit mir nachrechnen.

Von 100 Serien wird der Sohn im Schnitt in 50 Serien die erste Partie gegen den Vater gewinnen. Und von diesen wird er in 30 Fällen auch die nächste Partie gegen die Mutter für sich entscheiden. Das sind 30 günstige Fälle für den Sohn.

In den 50 anderen Serien gewinnt er aber die erste Partie gegen den Vater nicht. Dann muss er die beiden verbleibenden Partien gewinnen. Von diesen 50 Fällen gewinnt er in 30 gegen die Mutter und in 15 dann auch noch gegen den Vater. Im Ergebnis sind das jetzt $30 + 15 = 45$ von 100 Spielserien, in denen das Taschengeld des Sohnes aufgestockt wird.

Das sind mehr Fälle als vorher. Drei Fälle mehr.

Wir sehen, dass die Reihenfolge *Vater – Mutter – Vater* – für den Sohn die günstigere ist.

Ergo: Das Leichte ist nicht immer leichter als das Schwerere.

Schöne Worte. Aber nicht nur das. Wahr sind sie auch noch. Stärkere Gegnerschaft kann tatsächlich manchmal besser für uns sein.

Warum ist das so? Und warum ist es speziell hier so?

Bevor wir darauf eingehen, soll das Problem noch allgemeiner angepackt werden. Aber nur kurz, nicht länger als eine Milliwoche. Stoppt mit, wenn ihr wollt.

Schreiben wir v für die Wahrscheinlichkeit, dass der Sohn gegen den Vater gewinnt, und m für die Wahrscheinlichkeit, dass er gegen die Mutter gewinnt. Spielt er in der Reihenfolge *Vater – Mutter – Vater*, dann ist das Taschengeldplus geritzt, wenn er alle drei Partien gewinnt (was mit Wahrscheinlichkeit vmv passiert) oder nur die ersten beiden gewinnt (was mit Wahrscheinlichkeit $vm(1-v)$ passiert) oder nur die letzten beiden Partien gewinnt (was mit Wahrscheinlichkeit $(1-v)mv$ passiert). Demnach kommt er bei dieser Reihenfolge mit Wahrscheinlichkeit

$$P = vmv + vm(1-v) + (1-v)mv = vm(2-v)$$

in den grünen Bereich.

Für die speziellen Werte $v = 1/2$ und $m = 3/5$ ist das

$$P = \frac{1}{2} \cdot \frac{3}{5} \cdot \frac{3}{2} = \frac{9}{20} = 0{,}45.$$

Jetzt nehmen wir uns die Reihenfolge *Mutter – Vater – Mutter* vor: Auch hier muss Little K entweder alle drei Partien gewinnen (die Wahrscheinlichkeit ist mvm) oder nur die ersten beiden (die Wahrscheinlichkeit ist $mv(1-m)$) oder nur die letzten beiden (die Wahrscheinlichkeit ist $(1-m)vm$). Im Ergebnis gibt's für Little K mehr Schotter mit Wahrscheinlichkeit

$$Q = mvm + mv(1-m) + (1-m)vm = vm(2-m).$$

Mit Werten von $v = 1/2$ und $m = 3/5$ wird die Erfolgswahrscheinlichkeit

$$Q = \frac{1}{2} \cdot \frac{3}{5} \cdot \frac{7}{5} = \frac{21}{50} = 0,42.$$

Kurz-Fazit: Unsere Wald-und-Wiesen-Kalkulation von früher passte wie angegossen und ist jetzt durch handfeste Wahrscheinlichkeitsrechnung zertifiziert.

Kleine Zugabe zum Thema gefällig?

Gemischte Reaktion!

Für alle Anteilnehmer sollen deshalb nur kurz noch die berechneten Wahrscheinlichkeiten P und Q verglichen werden. Und zwar ganz allgemein. Ihre Differenz ist

$$P - Q = vm(m - v).$$

Das ist ein überschaubarer Term. Schon bei flüchtiger Inspektion ist alles klar: Weil Little K die Mutter leichter besiegen kann als den Vater, ist $m > v$ und deshalb $P - Q > 0$ und demnach $P > Q$.

Die Reihenfolge *Vater – Mutter – Vater* bietet Little K die besseren Chancen.

Dieser Satz gilt übrigens immer, solange der Sohn leichter gegen die Mutter gewinnt als gegen den Vater.

Rückblickend wird das plausibel. Der Sohn muss auf jeden Fall die zweite Partie gewinnen. Das gelingt ihm eher, wenn er dabei gegen die Mutter antritt. Und damit ist auch die letzte noch offene Frage nach dem *Warum* beantwortet.

Mein Mann spielt gerade Schach. Er ruft Sie zurück irgendwann zwischen ein paar Minuten und ein paar Stunden.

4

Bizarre Rankings

Erläutert, wie der Besiegte den Besieger seines Besiegers besiegen kann. Und dass dies selbst bei Wahlen passiert

Unter dieser Überschrift unternehmen wir eine Realitätssafari zum Thema „Siegen und Besiegtwerden“. Verpackt ist sie in ein längeres Teach-in über die Theorie des Spielens. Es geht um das, was beim Gewinnen und Verlieren von Spielen so alles an mathematischen Kuriositäten passieren kann. Und das sind nicht wenige.

Also dann, steigen wir in die erste Session ein.

Frau K spielt Tennis. Einmal die Woche trifft sie sich mit ihren Freundinnen für einen lockeren Tennisnachmittag. Insgesamt sind es neun Frauen, die alle irgendwo von schlecht bis recht Tennis spielen können. Egal. Was zählt ist: Sie haben tierisch viel Spaß dabei.

C.H. Hesse, *Warum deine Freunde mehr Freunde haben als du*, DOI 10.1007/978-3-662-53130-3_4

Ihre Rangliste nach Spielstärke sieht so aus:

- Annegret
- Dorothe
- Franzi
- Frau K
- Renate
- Sabine
- Tina
- Waltraud
- Yvonne

Annegret ist die stärkste Spielerin, und Yvonne, na ja, trifft nur alle Tage mal einen Ball richtig. Das Ranking nach

Spielstärke ist genau alphabetisch nach Namen, sagt mir meine Eselsbrücke.

Heute veranstalten die Tennismädels ein kleines Turnier. Drei Mannschaften werden durch Auslosen gebildet:

- Team *A*: Annegret, Sabine, Waltraud
- Team *B*: Dorothe, Frau K, Yvonne
- Team *C*: Franzi, Renate, Tina

Gibt's dabei ein Dream-Team? Eine Favoritenmannschaft? Schwer zu sagen.

Es wird jedenfalls ein Turnier veranstaltet, um auszuspielen, welche die beste Mannschaft ist. Und es spielt jede Spielerin von jedem Team gegen alle Spielerinnen aller anderen Teams. Die Mannschaft, die dabei am besten abschneidet, soll einen Pokal bekommen. Das lässt an Fairness nichts zu wünschen übrig, oder?

Insgesamt besteht dieses Turnier aus 27 Einzelmatches. Das Turnier verläuft ohne Überraschungen. Es gibt keine Favoritenstürze oder Außenseitersiege. Bei jedem Match setzt sich die nach Rangliste stärkere Spielerin durch. Das führt zu drei hauchdünnen Ergebnissen:

- Team *A* besiegt Team B mit 5:4
- Team *B* besiegt Team C mit 5:4
- Team C besiegt Team A mit 5:4.

So weit, so gut. Oder auch nicht! Denn wer soll den Pokal bekommen?

Nach Performance ist Team *A* stärker als Team *B*, und Team *B* ist stärker als Team *C*. Aber verblüffenderweise ist

Team *C* nicht etwa das schwächste der drei Teams. Nein, das ist nicht der Fall. Im Gegenteil: Team *C* ist stärker als Team *A*.

Mehr als nur ein bisschen crazy ist das.

Mathematiker haben für diese und ähnliche Beziehungen ein Wort parat: antitransitiv. Die Negation zeigt schon, dass obige Verhältnisse eher Ausnahmen sind: Beziehungen, die sich transitiv verhalten, bilden den Normalfall.

Größenbeziehungen zum Beispiel sind transitiv, die Körpergröße etwa: Wenn Arne größer ist als Bert und Bert größer als Curt, dann ist Arne erst recht größer als Curt. Wäre Curt dagegen größer als Arne, verstünden wir die Welt nicht mehr. Wir hätten dann Antitransitivität wie eben bei den Spielstärken.

Bei den Spielstärken haben wir sogar beides: Die individuellen Spielstärken der Spielerinnen verhalten sich transitiv. Die Mannschaftsspielstärken, die aus transitiven Individualspielstärken kombiniert sind, verhalten sich aber antitransitiv: Es gibt zwar eine stärkste Spielerin, allerdings keine stärkste Mannschaft. Keine Mannschaft bekommt den Pokal.

Fast kriegt man einen Hirnschluckauf. Frau K und ihre Freundinnen sind auch ziemlich irritiert. Wie kann das denn sein? Was geht hier vor? Wer soll's verstehen?

Es ist nun mal so in der Welt, in der wir leben: Manchmal gibt es kein Bestes, keine Beste, keinen Besten. Sondern für jedes, jede und jeden gibt es Besseres.

Später beim Mannschaftsessen diskutieren die Frauen über das merkwürdige Endergebnis ihres Turniers. Im Bild sitzen sie um den Tisch herum. Und übrigens: Hildegard war mal Schiedsrichterin in der Tennis-Regionalliga.

Ja, Hildegard war mal Schiedsrichterin. Und sie kennt sich aus, nicht nur als Referee im Frauentennis. Auch übers Tennis hinaus und auch über die Frauen hinaus. Und sie hat zu allem eine Meinung.

Aktuell meint Hildegard gerade das Folgende: „Solche Seltsamkeiten kann's doch auch bei Männern geben. Wir alle kennen Arne, Bert und Curt. Und wenn man mal die Eigenschaften *attraktiv*, *nett* und *reich* betrachtet, dann ist Arne unattraktiv, mittelreich und nett. Bert ist attraktiv, arm und mittelnett. Curt ist mittelattraktiv, reich und nicht nett. Ich sag's euch ganz offen: Für mich ist ein Mann cooler als ein anderer, wenn er bei mindestens zwei dieser drei Eigenschaften besser abschneidet als der andere. Deshalb finde ich

- Arne cooler als Bert,
- Bert cooler als Curt und
- Curt cooler als Arne.

Wen finde ich also am coolsten?

Diese Frage kann ich ebenso wenig beantworten wie die Frage, welches Team bei unserem Tennisturnier das beste war."

So weit Hildegards Antitransitivitätstheorie der Männer.

Let's keep going!

Zum Thema gibt's noch mehr zu sagen: Selbst wenn man mühelos Ranglisten von Objekten bei einzelnen Eigenschaften aufstellen kann, so kann es trotzdem prinzipiell unmöglich sein, Ranglisten von Objekten bezüglich eines Eigenschaftsbündels zu erstellen. Und zwar selbst dann, wenn zwischen zwei Objekten nur jeweils eine Mehrheit von Besser-als-Beziehungen für ein pauschales Besser-als-Verhältnis nötig ist.

Das klingt sehr theoretisch. Gibt's denn so was wirklich im richtigen Leben?

Schaun mer mal: Nach dem Essen wollen die Tennisfrauen ins Kino gehen. Drei Filme stehen zur Wahl, die alle im Moment angesagt sind:

- Film *A*: *Der neue Knecht*
- Film *B*: *Der scheue Specht*
- Film *C*: *Der treue Hecht*

Da es unterschiedliche Vorlieben bei den Frauen gibt, soll abgestimmt werden, welchen Film die Gruppe anschauen wird.

Drei der Frauen haben die Präferenzliste Film *A*, Film *B*, Film *C*. Sie bevorzugen also Film *A* gegenüber Film *B* und Film *B* gegenüber Film *C*.

Drei andere Frauen haben die Präferenzliste Film *B*, Film *C*, Film *A*. Und die verbleibenden drei Frauen haben die Präferenzliste Film *C*, Film *A*, Film *B*.

Hildegard, die frühere Schiedsrichterin, die insgeheim Film *A* sehen will, meint, man sollte zuerst zwischen Film *B* und Film *C* abstimmen. Dann sollte zwischen dem Gewinnerfilm und Film *B* abgestimmt werden.

Man sieht, dass bei sechs Frauen Film *B* vor Film *C* liegt. Damit gewinnt Film *B* im direkten Vergleich mit Film *C*.

Wie sieht es nun bei der Entscheidung zwischen Film *A* und Film *B* aus? Auch hier favorisieren sechs der neun Frauen Film *A* über Film *B*. Also gewinnt Film *A*.

Das scheint fair gewesen zu sein. Und eindeutig ist das Ergebnis auch noch. Auf zum *neuen Knecht*.

Trotzdem kommt Unmut auf, und einige Frauen fangen an zu mosern. Renate, die gerne den *scheuen Specht* sehen würde, sagt sogar, die Abstimmung sei nicht fair gewesen. Man hätte ebenso gut zuerst zwischen Film *A* und Film *C* abstimmen lassen können. Dann hätte Film *C* gewonnen, wäre aber anschließend im direkten Vergleich mit Film *B* unterlegen.

Andere Abstimmungsreihenfolge, anderer Gesamtsieger.

Hm, das gibt wirklich zu denken.

Und das bringt die Befürworter von Film *C* auf den Plan. Sie sagen, dass man zuerst auch zwischen Film *A* und Film *B* hätte abstimmen können. Dabei hätte Film A gewonnen. Die Stichwahl zwischen Film *A* und Film *C* führt dann zu Film *C* als Gesamtsieger. So hätten auch sie gekriegt, was sie wollen.

Das bedeutet schlecht und schlicht und einfach: Jeder Film kann Gesamtsieger werden. Ohne dass irgendetwas an den Präferenzlisten der Frauen geändert wird. Allein die Reihenfolge der Stichkämpfe macht's.

Mal im Ernst: Das ist doch absoluter Mist, oder?

Jedenfalls 1-A-paradox!

Neu ist es aber nicht. Als Paradoxon ist es schon seit zwei Jahrhunderten bekannt. Es wurde vom Marquis de Condorcet entdeckt und trägt seinen Namen: *Condorcet-Paradoxon*.

Was können wir als Ergebnis der Stunde festhalten?

Doch wohl dies: Mit dem Wahlmodus von oben kann in der angegebenen Situation nicht fair entschieden werden, welcher Film das Rennen macht.

Ist ein Ausweg in Sicht?

Man könnte natürlich darüber abstimmen, in welcher Reihenfolge die Stichkämpfe zwischen den Filmen ausgetragen werden sollen. Doch das bringt's auch nicht. Denn das ist dann schon gleichbedeutend mit einer Abstimmung darüber, welcher Film geschaut werden soll. Auch so kann das Patt nicht aufgelöst werden.

Wieder mündet die Überlegung in eine kuriose Schlussfolgerung: Obwohl alle Präferenzordnungen transitiv sind, ist die nach dem Mehrheitsprinzip erstellte Gesamtrangliste nichttransitiv. Sie kann sogar antitransitiv sein, wie eben gesehen.

Gedankensprung und Szenenwechsel!

Als Frau K abends nach Hause kommt, erzählt sie K-Tharina von ihrem Tag und den seltsamen Ranglisten. K-Tharina meint, man sollte nicht überrascht sein, weil nämlich vieles im Leben nicht strikt angeordnet werden kann.

Wenn zum Beispiel drei Häuser so zueinander stehen, dass Haus *A* und Haus *B* einen Abstand von weniger als einem Kilometer haben und ebenso Haus *B* und Haus *C* weniger als einen Kilometer voneinander entfernt sind, dann bedeutet das nicht zwangsläufig, dass auch Haus *A* und Haus *C* weniger als einen Kilometer Abstand voneinander haben.

Auch das Gegenteil muss nicht zwangsläufig richtig sein. Die Abstandsbeziehung zwischen den Häusern ist also weder transitiv noch antitransitiv, sondern schlicht nichttransitiv.

K-Tharina hat noch ein anderes Beispiel im Köcher. Wenn wir das besprochen haben, werdet ihr ganz sicher auch der Meinung sein, dass die Beziehungen zwischen den Dingen in der wirklichen Welt noch viel seltsamer sein können, als wir es eh schon immer gedacht haben.

Das Beispiel dreht sich gedanklich um ein einfaches Würfelspiel. Die Hauptpersonen sind zwei Spieler, die Hauptrequisiten sind drei Würfel. Die Würfel sind ein bisschen ungewöhnlich. Nicht die *Mensch-ärgere-dich-nicht-* oder *Monopoly*-Art von Würfeln: Alle drei haben nur zwei verschiedene Augenzahlen, und die sind unterschiedlich. Nennen wir sie Würfel *Braun*, Würfel *Gelb* und Würfel *Grün*.

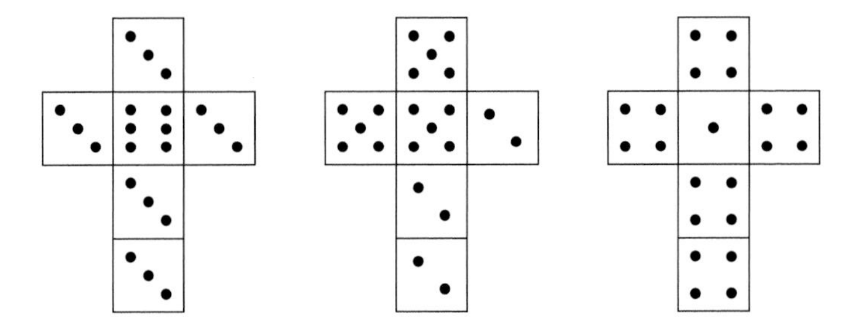

Würfel *Braun* zeigt mit Wahrscheinlichkeit 5/6 eine 3 und mit Wahrscheinlichkeit 1/6 eine 6. Würfel *Gelb* liefert mit Wahrscheinlichkeiten von jeweils 1/2 eine 2 oder eine 5. Und bei Würfel *Grün* kommt mit Wahrscheinlichkeit 5/6 eine 4 und mit Wahrscheinlichkeit 1/6 eine 1.

Dies zur Einstimmung.

Das eigentliche Spiel ist kinderleicht. Ein Spieler nimmt einen Würfel und dann der andere Spieler einen anderen

Würfel. Beide würfeln mit ihrem Würfel. Wer die höhere Zahl würfelt, gewinnt. Einen Gewinner gibt es immer. Denn dieselbe Augenzahl auf verschiedenen Würfeln kann es nie geben.

Jetzt kommt die Preisfrage: „Wie steht's mit der Fairness des Spiels?"

Fairness soll natürlich bedeuten, dass beide Spieler genau die gleichen Gewinnchancen haben. Wer sich zuerst einen Würfel aussucht, darf keine besseren Gewinnchancen haben. Oder umgekehrt. Es darf keinen Unterschied machen, ob man als Erster oder Zweiter seinen Würfel auswählen darf. Macht es das nicht, ist das Spiel fair.

Das wollen wir jetzt unter die Lupe nehmen.

Um uns einzugrooven schauen wir uns zunächst einmal die Mittelwerte der drei Würfel an. Das heißt von ihren Augenzahlen:

- Mittelwert von Würfel *Braun* $= 3 \cdot \frac{5}{6} + 6 \cdot \frac{1}{6} = 3,5$
- Mittelwert von Würfel *Gelb* $= 2 \cdot \frac{1}{2} + 5 \cdot \frac{1}{2} = 3,5$
- Mittelwert von Würfel *Grün* $= 4 \cdot \frac{5}{6} + 1 \cdot \frac{1}{6} = 3,5$

Im Schnitt liefern alle drei Würfel dieselbe Augenzahl. Alle drei haben denselben Mittelwert von 3,5. Hört sich ziemlich gut an in Bezug auf Fairness. Und kann doch nur bedeuten, dass das Spiel fair ist, oder?

Tut es aber nicht. Das Spiel ist nicht fair. Es ist unfair. Und nicht nur das. Es ist hochgradig unfair auf eine ganz mysteriöse Weise.

Auf welche Weise?

Das werden wir jetzt sehen und verstehen. Und zwar indem wir Würfel *Braun* gegen Würfel *Gelb* in den Ring steigen lassen. Ein kleines Baumdiagramm verdeutlicht, was passieren kann und mit welchen Wahrscheinlichkeiten was passiert.

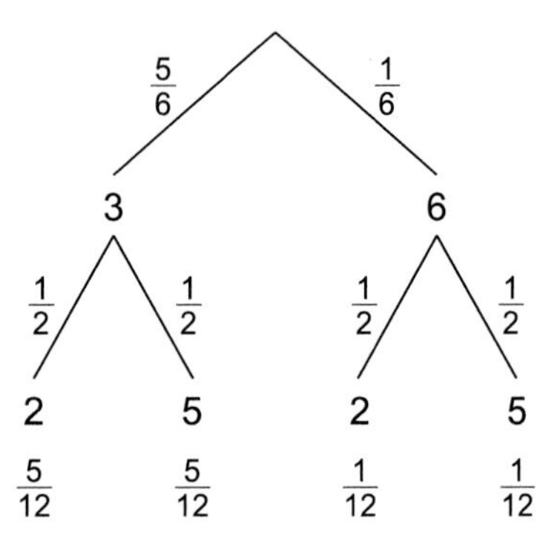

Das Ergebnis überrascht schon wieder: Würfel *Braun* ist seinem Würfel-Kollegen *Gelb* überlegen. Mit Wahrscheinlichkeit von $7/12 = 0{,}5833\ldots$ behält Würfel *Braun* im direkten Vergleich der beiden die Oberhand.

Jetzt Würfel *Gelb* gegen Würfel *Grün*. Natürlich gibt's dafür wieder ein Baumdiagramm. Es sagt uns, dass Würfel *Gelb* mit Wahrscheinlichkeit $7/12 = 0{,}5833\ldots$ gegen *Grün* gewinnt.

Bilanz bisher: Würfel *Braun* ist gegen Würfel *Gelb* im Vorteil. Würfel *Gelb* ist gegenüber Würfel *Grün* im Vorteil.

Jetzt wird's spannend: Mein und möglicherweise auch euer Bauchgefühl lässt ahnen, dass bei diesen Würfeln die Eigenschaft „im Vorteil sein" transitiv sein muss. Es geht gar nicht anders. Genauso wie bei Größenvergleichen die

Eigenschaft des Größerseins transitiv ist. Deshalb wird Würfel *Braun*, wenn er schon Vorteile gegenüber Würfel *Gelb* hat, erst recht Vorteile gegen Würfel *Grün* haben – sagt, wie gesagt, mein Bauch.

Doch lassen wir mal die Bauchgefühle und stecken etwas Kopfarbeit rein. Die genaue Untersuchung, wieder mit einem Baumdiagramm, macht mich baff: Würfel *Grün* gewinnt mit Wahrscheinlichkeit $25/36 = 0{,}6944\ldots$ gegen Würfel *Braun*.

Nicht nur ist Würfel *Braun* gegenüber Würfel *Grün* nicht, wie erwartet, im Vorteil, sondern sogar ziemlich satt unterlegen. Die Eigenschaft des Im-Vorteil-Seins hat also eine kreisförmige Struktur.

Würfel *Braun* ist gegenüber Würfel *Gelb*, Würfel *Gelb* ist gegenüber Würfel *Grün*, Würfel *Grün* ist gegenüber Würfel *Braun* im Vorteil.

Das ist eine Zufallsversion von Antitransitivität.

Was bedeutet das konkret für das Spiel zweier Würfelspieler?

Es bedeutet, dass es einen besten Würfel nicht gibt. Es bedeutet auch, dass der Würfel-zuerst-Auswähler einen optimalen Würfel gar nicht wählen kann. Jeder Würfel hat einen Angstgegner, der ihm überlegen ist.

Mit anderen Worten:

Wer zuerst wählt, den bestraft das Leben.

Wer zuerst wählt, verliert mit größerer Wahrscheinlichkeit, als dass er gewinnt.

Zuerst wählen müssen ist Mist!

Das Beispiel dieser antitransitiven Würfel wirkt natürlich umso krasser und erscheint umso paradoxer, je weiter die Gewinnwahrscheinlichkeiten vom Fifty-fifty-Wert 1/2 nach oben abweichen. Man kann sich fragen, ob es möglich ist, diese Wahrscheinlichkeiten allesamt auf mindestens 3/4 hochzuschrauben.

Die Antwort ist: Nein! Und diese Antwort, entsprechend verfeinert, mündet in ein schönes Theorem. Es besagt, dass immer mindestens für eines der Ereignisse

- Ereignis $A =$ Würfel *Braun* schlägt Würfel *Gelb*.
- Ereignis $B =$ Würfel *Gelb* schlägt Würfel *Grün*.
- Ereignis $C =$ Würfel *Grün* schlägt Würfel *Braun*.

die Wahrscheinlichkeit nicht größer ist, als die Zahl

$$g = \frac{1}{2}\left(\sqrt{5} - 1\right) = 0,61\ldots$$

Kommt euch bekannt vor?

Kann schon sein. Denn diese Zahl g ist nicht einfach nur irgendeine x-beliebige Zahl unter allen unendlich vielen x-beliebigen Zahlen im Zahlenzoo. Es ist eine Zahl, die fast schon legendär ist. Die fast so berühmt ist wie die noch einen Tick bekanntere Kreiszahl *Pi*. Und g hat sogar auch einen eigenen Namen, wen wundert's: g ist der *Goldene Schnitt*.

Dass man nicht gleichzeitig mit allen Gewinnwahrscheinlichkeiten über den Goldenen Schnitt hinauskommt, ist eine nicht leicht zu beweisende Grundwahrheit. Leicht zu beweisen ist allerdings eine etwas abgeschwächte Variante der Aussage, bei der die Zahl $g = 0,61\ldots$ durch die Zahl $2/3 = 0,66\ldots$ ersetzt wird. Reicht doch auch für den Hausgebrauch, oder?

Den Beweis will ich euch vorführen. Hier ist er in seiner vollen Schönheit:

Alle drei Würfel werden gleichzeitig geworfen. Unsere Aufgabe besteht darin zu beweisen, dass das Minimum $min\{P(A), P(B), P(C)\}$ kleiner oder gleich 2/3 ist. Schreiben wir einmal a, b und c für die Augenzahlen, die mit Würfel *Braun*, *Gelb* und *Grün* geworfen werden.

Die Ereignisse A, B und C treten dann und nur dann gleichzeitig ein, falls die Ungleichungen $a > b$, $b > c$, $c > a$ alle gleichzeitig erfüllt sind. Das ist aber unmöglich. Geht einfach nicht. Die Mengenversion von „Es geht einfach nicht" ist die leere Menge: Der Durchschnitt der Ereignisse A, B und C ist tatsächlich die leere Menge

$$A \cap B \cap C = \emptyset.$$

Und was nicht passieren kann, hat natürlich die Wahrscheinlichkeit null:

$$0 = P(A \cap B \cap C)\,.$$

Daran können wir uns ganz gut weiter abarbeiten, und zwar mit ein paar einfachen Rechenregeln über Wahrscheinlichkeiten. Schreiben wir $\bar{E}$ für das Komplement eines Ereignisses E, dann sind wir mit ein paar kleinen Schritten bei

$$\begin{aligned} 0 = P(A \cap B \cap C) &= 1 - P\left(\overline{A} \cup \overline{B} \cup \overline{C}\right) \\ &\geq 1 - \left[P\left(\overline{A}\right) + P\left(\overline{B}\right) + P\left(\overline{C}\right)\right] \\ &= P(A) + P(B) + P(C) - 2 \\ &\geq 3\min(P(A),\ P(B),\ P(\mathrm{C})) - 2. \end{aligned}$$

Also ist:

$$2 \geq 3 \min(P(A), P(B), P(C)).$$

Jetzt bleibt nur noch, beide Seiten durch 2 zu teilen und:

Voilà, fertig ist der Beweis.

Und fertig ist damit auch der ganze erste Teil.

Jetzt kommt zum Würfelwürfeln noch: der Große Extrateil. Denn man kann noch viel mehr richtige und wichtige Dinge über diese drei Würfel sagen. Und die sind sogar noch seltsamer als das, was wir bisher so gesagt haben.

Nachdem der Würfelerstauswähler den Nachteil des Erstauswählens erkannt hat, kommt er jetzt mit der Bitte, als Zweiter wählen zu dürfen. Ist naheliegend.

Angenommen, ihr gewährt ihm diese Bitte und erlaubt ihm darüber hinaus sogar noch, dass jeder mit dem Würfel seiner Wahl zweimal werfen darf. Die Summe der Augenzahlen wird gebildet. Und mit dieser Augensumme geht ihr und euer Gegner ins Rennen. Wer die höhere Augensumme hat, gewinnt.

Das müsste doch wohl bedeuten, dass die Chancen eures Gegners gegenüber euren eigenen nun massiv vorzuziehen sind. Er sollte nun absolut nichts mehr zu meckern haben, oder?

Wie hoch ist seine Gewinnwahrscheinlichkeit?

Weit weniger hoch als gedacht. Denn die scheinbaren Vergünstigungen für den Gegner sind ein großer Nachteil. Wir werden nämlich sehen, dass sich mit diesen Veränderungen wieder eine Antitransitivitätsbeziehung ausbildet. Aber kurioserweise (und das nicht zum ersten Mal) verkehren sich alle bisherigen Beziehungen ins genaue Gegenteil.

So verrückt kann die Wirklichkeit doch eigentlich gar nicht sein. Ihr denkt vielleicht, ich kann euch ja viel erzählen. Und einige von euch sind sicher nicht zufrieden ohne einen Beweis. Auch ich wäre nicht zufrieden ohne einen Beweis.

Um es zu prüfen, könnten wir natürlich wieder mit einem Baumdiagramm hantieren, aber der Baum wäre diesmal ziemlich unhandlich.

Lässiger ist es da schon, eine hübsche Idee von der Mathe-Ideenbörse einzusetzen, die ich euch erst mal für das einmalige Werfen zeige und dann auf zweimaliges Werfen erweitere.

Hier kommt sie auch schon. Zum Einstieg erinnern wir kurz:

Würfel *Braun* hat Seiten mit den Augenzahlen 3, 3, 3, 3, 3, 6.

Würfel *Gelb* hat die Augenzahlen 2, 2, 2, 5, 5, 5

Würfel *Grün* 1, 4, 4, 4, 4, 4.

Okay. Seid ihr bereit für einen genialen Kniff?

Na dann: Für jeden Würfel basteln wir uns jetzt aus dessen Augenzahlen eine extrem nützliche Funktion. Die Augenzahlen treten dabei als Hochzahlen von Potenzen auf. Das wird für Würfel *Braun* so gemacht:

$$A(x) = x^3 + x^3 + x^3 + x^3 + x^3 + x^6 = 5x^3 + x^6.$$

Für Würfel *Gelb* und Würfel *Grün* führt dasselbe Prinzip auf

$$B(x) = 3x^2 + 3x^5,$$

$$C(x) = x + 5x^4.$$

Aus diesen drei Funktionen $A(x)$, $B(x)$, $C(x)$ lassen sich leicht jene Fälle unter den 36 möglichen Fällen ablesen, in denen ein Würfel gegen einen anderen bei einmaligem Werfen gewinnt. Atemberaubend!

Hier ist das Rezept dafür: Es sollen zuerst Würfel *Braun* und Würfel *Gelb* mit ihren Funktionen $A(x)$ und $B(x)$ gegeneinander antreten. Den Zweikampf der Funktionen stellen wir uns so vor: Der Ausdruck x^6 der Funktion $A(x)$ „schlägt" alle 6 Terme (nämlich die 3 x^2-Terme und die 3 x^5-Terme) von $B(x)$ in einem auf der Hand liegenden Verständnis von diesem Begriff „schlägt".

Von den 5 Termen x^3 von $A(x)$ gewinnt jeder 3-mal gegen die Terme von $B(x)$. Das sind insgesamt $1 \cdot 6 + 5 \cdot 3 = 21$ von 36 Fällen, in denen die Funktion $A(x)$ gegen $B(x)$ und deshalb Würfel *Braun* gegen Würfel *Gelb* gewinnt. Das führt zu der schon berechneten Wahrscheinlichkeit $21/36 = 7/12$.

Exquisit und erstklassig, oder? Nichts Billiges vom Denkmittel-Discounter.

Aber irgendwie ist es auch ein bisschen so, als würde mit Kanonen auf Kanarienvögel im Käfig geschossen. Ein Griff zum Griffel, mit dem eine kurze Liste gemacht, hätte es auch getan. Schnell und unbürokratisch wär's auch noch gewesen.

Das ist aber nicht mehr so, wenn wir uns das zweimalige Würfeln vorknöpfen. Um abermals die Analogie zwischen Funktionstermen und Gewinnfällen herzustellen, müssen zuerst die Produkte der Funktionen mit sich selbst erzeugt werden, also $A(x) \cdot A(x)$, $B(x) \cdot B(x)$, $C(x) \cdot C(x)$. Dann nämlich spiegeln die Hochzahlen der Variablen x genau die möglichen Summenwerte der Augenzahlen bei *zweimaligem* Werfen wider.

Jetzt schnell einen Boxenstopp zum Nachdenken, um das letzte einzusehen. Also erst mal ... kurze Denkpause.

Alles klar?

Okay, gut.

Und wie geht's weiter?

Es geht weiter mit der Beobachtung, dass sich die Faktoren vor dem x zu 36 addieren und jeder Faktor repräsentiert, wie häufig unter den 36 Möglichkeiten der spezielle Summenwert auftritt.

Führen wir das gerade Beschriebene doch mal aus, am lebenden Objekt. Ganz im Nu geht's zwar nicht, aber es geht:

$$\begin{aligned}
A(x)\cdot A(x) &= \left(5x^3 + x^6\right)\cdot\left(5x^3 + x^6\right)\\
&= 25x^6 + 5x^9 + 5x^9 + x^{12} = 25x^6 + 10x^9 + x^{12},\\
B(x)\cdot B(x) &= \left(3x^2 + 3x^5\right)\cdot\left(3x^2 + 3x^5\right)\\
&= 9x^4 + 9x^7 + 9x^7 + 9x^{10} = 9x^4 + 18x^7 + 9x^{10},\\
C(x)\cdot C(x) &= \left(x + 5x^4\right)\cdot\left(x + 5x^4\right) = x^2 + 5x^5 + 5x^5 + 25x^8\\
&= x^2 + 10x^5 + 25x^8.
\end{aligned}$$

Diesen Rechnungen ist zum Beispiel zu entnehmen: Was Wahrscheinlichkeiten angeht, verhält sich die Augensumme bei zweimal Werfen mit Würfel *Braun* genauso wie die Augenzahl bei einmaligem Werfen mit einem 36-seitigen Würfel, bei dem 25 Seiten die Augenzahl 6 haben, zehn Seiten die Augenzahl 9 und eine Seite die Augenzahl 12.

Den Punkt hätten wir im Trockenen.

Eine längliche Zu-Fuß-Überlegung mit Tabellemachen und Abzählen hätte das auch gebracht. In Slow-motion. Aber mit der Funktion $A(x) \cdot A(x)$ ist es viel einfacher, eleganter und schneller zu haben.

Eine ähnliche Abzählung der Gewinnfälle für den Zweikampf Würfel *Braun* gegen *Gelb* bei zweimaligem Werfen ergibt sich dann aus den quadrierten Funktionen mit dem schon für einmaliges Werfen verwendeten Strickmuster: Wir bekommen die Zahl

$$1 \cdot 36 + 10 \cdot 27 + 25 \cdot 9 = 531$$

als Anzahl der Gewinnfälle von Würfel *Braun*.

Die Gesamtzahl der Fälle ist $36 \cdot 36 = 1296$. Beide Zahlen liefern die Gewinn-Wahrscheinlichkeit $531/1296 = 0,41$ von Würfel *Braun* gegen Würfel *Gelb*. Das ist weniger als fifty-fifty. Bei zweimaligem Werfen hat demnach Würfel *Gelb* die Nase plötzlich vorn. Das ist mehr als nur frappierend. Das ist absolut krass, seltsam und widersinnig.

Mit denselben Handgriffen ergibt sich für Würfel *Braun* gegen Würfel *Grün* die Anzahl von $1 \cdot 36 + 10 \cdot 36 + 25 \cdot 11 = 671$ Gewinnfällen bei einer Gesamtzahl von wiederum 1296 Fällen. Und schon ist man bei der Gewinnwahrscheinlichkeit von $671/1296 = 0,52$ für Würfel *Braun* gegen Würfel *Grün*.

Und die Zahl der Gewinnfälle von Würfel *Grün* gegen Würfel *Gelb* liegt bei $25 \cdot 27 + 10 \cdot 9 = 765$ von 1296 Gesamtfällen, einem Anteil von $765/1296 = 0,59$.

Und wieder ist das denkwürdig. All diese denkwürdigen Anfänge suchen einen ebensolchen Schluss. Und hier ist er:

- Fazit 1.0: Whow, was für eine ausgefeilte mathematische Technik. Das passende Wort dafür ist mindestens *grandios*. Ein paar Emotionen darf man auch mal zeigen. Große Lust hätte ich, dieses Denk-Tool in die Weltkulturerbeliste der UNESCO eintragen zu lassen, allein ich habe keinen blassen Schimmer, wie das zu machen wäre. Ein selbsterklärendes Logo tut's doch vielleicht auch erst mal:

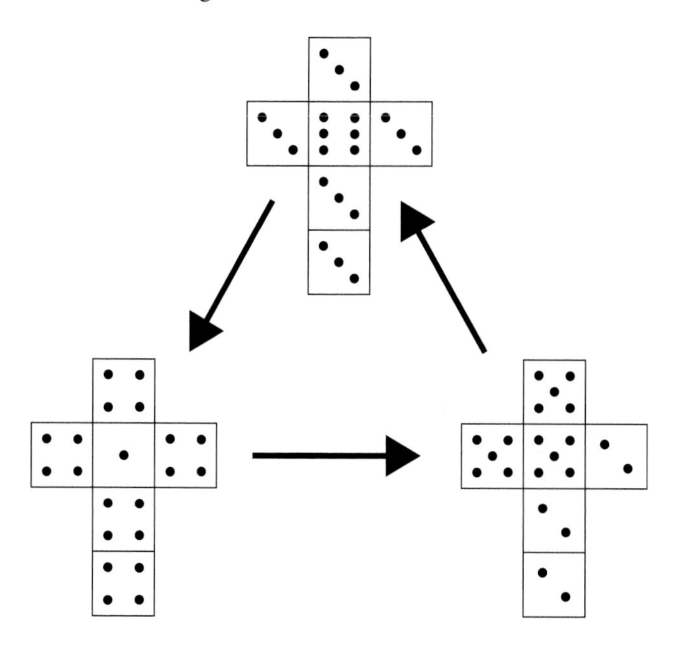

- Fazit 2.0: Die Beziehungen zwischen den Dingen dieser Welt sind noch komplizierter, als wir es eh schon gedacht haben. Das hatte ich ja schon angekündigt. Aber jetzt haben wir ein neues Beispiel und einen schönen Beweis dafür.
- Fazit 3.0: ...

Puh, nein, das muss reichen. Kein weiteres Fazit mehr, ich werde das Kapitel beenden. Mit einer Vorschau auf kommende Attraktionen.

Im nächsten Stück erweise ich euch einen Freundschaftsdienst. Wir sprechen von Freunden und wie wenig ihr zahlenmäßig habt. Ist doch so, oder?

5

Warum deine Freunde cooler sind als du

Verkündet, dass deine Freunde mehr Freunde haben als du. Und wie damit Epidemien vorhergesagt werden

Die Überschrift klingt sehr lebensnah. Und so wird auch der Inhalt. Wir machen Mathe fürs Leben! Versprochen. Auf dem Programm steht jetzt die Mathematik der Freundschaft. Wir denken über Freunde und Freundschaften nach, ganz sachlich, ohne gefühlshochtourig zu werden.

Herr K und seine Frau und auch K-Tharina und Little K: Alle sind bei Facebook. Letzte Woche gab es einen kleinen Streit zwischen den beiden erwachsenen Ks. Es ging um Facebook-Freundschaften. Hier ist das Bild, das die Situation ziemlich gut wiedergibt:

C.H. Hesse, *Warum deine Freunde mehr Freunde haben als du*, DOI 10.1007/978-3-662-53130-3_5

Wie man sieht, schaut Herr K etwas unerfreut aus der Wäsche. Insgeheim ist er sogar ein bisschen gefrustet. Übrigens: Facebook und Frust sind ein Paar, das gar nicht so selten in Kombination auftritt. Was ich damit meine, sage ich auch noch, aber erst später, weil wir vorher etwas weiter ausholen wollen.

Und zwar bei Netzwerken.

Alle Menschen sind in Netzwerke eingebunden. Die meisten Netzwerke haben erstaunliche Eigenschaften.

Zum Beispiel das Netzwerk eurer Freunde. Es geht schon mal damit los, dass es ziemlich kompliziert, da ausufernd ist. Denn es besteht aus euch, euren Freunden, den Freunden eurer Freunde, den Freunden der Freunde eurer Freunde, und so kann man das weitertreiben. Immer weiter.

Was bedeutet das zahlenmäßig?

Diese Frage meint die Zahl eurer Freunde. Aber nicht nur. Auch die Zahl der Freunde, die eure Freunde selbst haben. Also eure Freundesfreunde. Zwar kenne ich euch nicht persönlich und weiß auch nicht, wie viele Freunde ihr habt, aber ich lehne mich trotzdem mal aus dem Fenster und sage, dass eure Freunde im Durchschnitt mehr Freunde haben, als ihr Freunde habt.

Richtig?

Ist nicht ganz leicht, das zu überprüfen. Wenn ihr zum Beispiel zehn Freunde habt, dann müsstet ihr alle zehn ausquetschen, wie viele Freunde jeder hat. Und dann müsst ihr noch aus diesen zehn Freundeszahlen den Mittelwert bilden. Dieser Mittelwert wird größer sein als die Zahl der Freunde, die ihr selbst habt. Das behaupte ich.

Stimmt's?

Ich glaube schon, dass es stimmt, oder?

Falls das wirklich so ist – und höchstwahrscheinlich ist das so –, dann solltet ihr jetzt nicht denken, dass ihr weniger sympathisch, anziehend, humorbegabt, beliebt, cool etc. als eure Freunde seid. Es liegt einfach in der Natur der Sache. Und „Natur der Sache" bedeutet hier, dass es aus mathematischen Gründen so ist.

Überraschenderweise verhält es sich genauso, wenn eure Freunde es umgekehrt aus deren eigener Perspektive betrachten. Und mehr noch: Es verhält sich ganz genauso für fast alle Personen in eurem Freundschaftsnetzwerk.

Ja, ihr habt richtig gehört. Es ist nämlich eine generelle mathematische Eigenschaft von Netzwerken.

Auf den ersten Blick erscheint es seltsam. Und vielleicht sogar falsch. Denn warum sollte statistisch ein Unterschied bestehen zwischen der Anzahl der Freunde eines Menschen und der Anzahl der Freunde eines Freundes dieses Menschen?

Ja, warum eigentlich?

Kein Grund in Sicht?

Und doch besteht dieser Unterschied. Er beruht auf einem knallharten Gesetz der Netzwerktheorie. Bei Mathematikern läuft es unter dem Begriff Freundschaftsparadoxon.

Das müssen wir uns natürlich genauer ansehen. Ihr werdet sehen, dass es leichter zu verstehen ist, als ihr es nach diesem Vorspiel unter Umständen denkt.

Um es zu verstehen, reicht es, an der richtigen Stelle den Hebel anzusetzen:

Nehmen wir an, ein Freundschaftsnetzwerk besteht aus n Leuten. Und die i-te dieser n Personen hat x_i Freunde. Dann ist es ganz klar: Im Schnitt haben die n Personen eine Freundeszahl, die schlicht das arithmetische Mittel dieser Zahlen x_i ist, also gleich

$$M = \frac{x_1 + x_2 + \ldots + x_n}{n}.$$

Und Schnitt! Das ist unser erster Erkenntnisbaustein.

Und jetzt: Was ist mit der mittleren Zahl der Freunde von Freunden?

Im Prinzip lässt sich die genauso berechnen: Das Mittel ist einfach die Gesamtzahl der Freunde von Freunden geteilt durch die Gesamtzahl der Freunde. Es ist also auch wieder ein Bruch.

Wie kriegen wir den Zähler von diesem Bruch?

Um die Gesamtzahl der Freunde von Freunden auszurechnen, müssen wir eigentlich nur überlegen, dass der i-te Mensch (m/w) mit seinen x_i Freunden (m/w) x_i-mal Freund (m/w) von x_i anderen Menschen (m/w) ist und auch selbst x_i Freunde (m/w) hat. Der i-te Mensch trägt deshalb x_i Freunde von Freunden x_i-mal zur Summe im Zähler des Bruches bei. Dann ist der Beitrag von diesem Menschen i der Wert $x_i \cdot x_i$ Freunde von Freunden.

Die anderen Menschen bringen einen ganz analogen Beitrag. Der Zähler des Bruches, den wir gerade berechnen, sieht demnach so aus:

$$x_1 \cdot x_1 + x_2 \cdot x_2 + \ \ldots \ + x_n \cdot x_n.$$

Der Nenner des Bruches ist leichter herauszubekommen. Es ist die Zahl x_i der Freunde des i-ten Menschen, und zwar aufaddiert über alle n Menschen im Netzwerk. Das ist nichts anderes als die Summe der x_i.

Gut so weit.

Beide Überlegungen zusammengenommen münden für die durchschnittliche Anzahl der Freundesfreunde im Netzwerk in die Formel

$$E = \frac{x_1 \cdot x_1 + x_2 \cdot x_2 + \ \ldots \ + x_n \cdot x_n}{x_1 + x_2 + \ \ldots \ + x_n}.$$

Komische Formel, oder?

Oder anders gefragt: Wo würdet ihr sie ansiedeln auf der Skala von Firlefanz bis Interessanz? Ist sie einfach nur ein Allerweltsquotient, oder hat sie irgendeine tiefere Bedeutung?

Nun, wenn man einmal tief durchatmet, erkennt man diesen Wert E als gewichtetes Mittel. Man braucht etwas Zeit, weil der Bruch als gewichtetes Mittel recht ungewohnt ist: Jeder Wert x_i geht mit dem Faktor $x_i/(x_1 + x_2 + \ldots + x_n)$ gewichtet in die Formel ein. Seht ihr das?

Es kann dabei helfen, den gerade länglich aufgeschriebenen Gewichtsfaktor mit dem Symbol w_i abzukürzen. So vereinfacht sich die Formel für E zu dem handlicheren Vorzeigestückchen

$$E = w_1 \cdot x_1 + w_2 \cdot x_2 + \ldots + w_n \cdot x_n,$$

und dann ist der Bezug offensichtlich.

Im Klartext bedeutet es, dass das Gewicht der Freundeszahl x_i proportional zu x_i selbst ist. Jeder Wert wird proportional zu seinem eigenen Gewicht gewichtet. Man nennt deshalb den Mittelwert E das *Eigengewichtsmittel* der Zahlen x_i.

Das arithmetische Mittel kennt jeder, das Eigengewichtsmittel fast niemand. Nur wenn es dieses Mittel gar nicht gäbe, wäre es noch weniger bekannt.

Fassen wir an dieser Stelle kurz zusammen: Die Menschen im Freundesnetzwerk haben Freunde, deren Anzahl im Schnitt das arithmetische Mittel M der Zahlen x_1 bis x_n ist. Die Freunde der Menschen im Freundesnetzwerk haben Freunde, deren Anzahl im Schnitt das Eigengewichtsmittel E der Zahlen x_1 bis x_n ist.

Oder noch ein wenig anders ausgedrückt: Wird ein Mensch aus dem Netzwerk rein zufällig ausgewählt, dann ist die beste Schätzung für die Anzahl seiner Freunde das arithmetische Mittel.

Wird aber ein Mensch rein zufällig ausgewählt, nennen wir ihn einmal Ali, und dann einer der Freunde, nennen wir ihn Fritz, dieses Menschen rein zufällig ausgewählt, dann ist das Eigengewichtsmittel die beste Schätzung für die Anzahl der Freunde dieses Freundes Fritz von Ali.

Das Ganze ist etwas vertrackt, oder? Eventuell muss man's zweimal lesen und zweimal drüber nachdenken.

Wir sind noch nicht fertig. Es ist noch etwas zu klären: Welches Mittel ist größer? Arithmetisches Mittel oder Eigengewichtsmittel?

Um diese Frage zu beantworten, ist es hilfreich, auch das arithmetische Mittel als einen gewichteten Ausdruck der Zahlen x_i aufzufassen. Die Gewichte sind ziemlich einfach. Sie sind allesamt gleich, nämlich alle gleich $1/n$.

Vergleicht man nun die unterschiedlichen Gewichte des Eigengewichtsmittels mit denen des arithmetischen Mittels, dann wird deutlich, dass beim Eigengewichtsmittel solche Werte, die größer als das arithmetische Mittel der Werte sind, stärker einfließen, als es beim arithmetischen Mittel der Fall ist, und kleinere Werte entsprechend schwächer. Deshalb ist das Eigengewichtsmittel außer bei identischen x_i immer größer als das arithmetische Mittel.

Das bringt uns zu dem nicht ganz handlichen, aber trotzdem nun verständlichen Satz:

Freunde von Menschen haben mehr Freunde, als die Menschen selbst Freunde haben.

Prüfen wir das einmal mit Facebook.

Nach einer Studie aus dem Jahr 2011 hat ein Facebook-User im Schnitt 190 Freunde. Ganz ordentlich. Doch von den Freunden eines Facebook-Users hat jeder im Schnitt sogar 635 Freunde. Das ist ein enormer Unterschied, der auf eine starke Verzerrung hindeutet. Und wirklich, für 93 Prozent der Menschen auf Facebook ist ihre eigene Freundesliste kürzer als die Freundesliste ihrer Freunde oder Freundinnen im Durchschnitt.

Ist das schlimm?

Vielleicht!

Der Grund ist: Nach einer anderen Studie besteht ein Zusammenhang zwischen der intensiven Nutzung von Facebook und der persönlichen Zufriedenheit beziehungsweise eigentlich der Unzufriedenheit des Nutzers: Je mehr Zeit jemand mit Facebook verbringt, desto unzufriedener wird er im Schnitt.

Gerade durch Facebook stellt sich nämlich bei vielen Nutzern das Gefühl ein, bei ihren Freunden sei die Wirklichkeit um einiges abwechslungsreicher, vielfältiger, lebendiger und pulsierender. Ja, die anderen hätten schlicht ein cooleres Leben, einschließlich einer größeren Freundeszahl. Und dieses Gefühl kann recht unzufrieden machen. Einige Menschen macht es sogar richtiggehend depressiv.

Das Freundschaftsparadoxon hat also hier ganz handfeste Auswirkungen. Und zwar negative.

Bisher haben wir das Freundschaftsparadoxon rein mathematisch erklärt. Vielleicht deshalb und trotz allen Gesagten ist es nicht leicht zu verstehen. Wie ist es denn plausibel zu machen? Wie kann man es denn verstehen?

Also die Preisfrage lautet: Woher kommt diese starke Verzerrung zu euren Ungunsten, zu meinen Ungunsten, ja, zu jedermanns Ungunsten relativ zu jedermanns Freunden?

Eigentlich ist die intuitiv erhellende Erklärung relativ einfach in Worte zu fassen: Die Anzahl der Freunde unserer Freunde ist deshalb zu unseren Ungunsten verzerrt, weil Menschen mit vielen Freunden allein schon durch ihre große Freundeszahl eine größere Chance haben, auch mit uns befreundet zu sein.

Das heißt, Menschen mit vielen Freunden sind unter unseren Freunden überrepräsentiert und heben das Mittel. Gleichzeitig sind Menschen mit wenigen Freunden, die das Mittel senken würden, unter unseren Freunden im Vergleich zum Gesamtnetzwerk unterrepräsentiert.

Das wird am Leichtesten an den Extremfällen deutlich: Jemand, der null Freunde hat, hat auch eine Wahrscheinlichkeit null, *unser* Freund zu sein.

Klar, oder?

Wenn dieser Jemand gar keine Freunde hat, dann hat er garantiert auch nicht uns zum Freund. Er taucht im Gesamtnetzwerk zwar auf, trägt aber den Wert 0 zum Durchschnitt der Freunde aller User bei, er tritt bei keinem in der Freundesliste auf.

Anders ist es mit jemandem, der *alle* zu Freunden hat. Er ist mit Wahrscheinlichkeit 100 Prozent nicht nur euer Freund, sondern auch mein Freund und jedermanns Freund. Er taucht mit seiner großen Zahl von Freunden auf der Freundesliste von jedem User auf.

Die meisten Freunde liegen natürlich zwischen diesen beiden Extremen mit einer Tendenz eher in Richtung „mehr Freunde" als in Richtung „weniger Freunde".

Allgemein gesprochen: Ein zufällig ausgewählter Freund hat eine größere Wahrscheinlichkeit, Freund eines Menschen mit vielen Freunden zu sein als Freund eines Menschen mit wenig Freunden.

Das erklärt die Verzerrung, die dem Freundschaftsparadoxon zugrunde liegt.

Wollen wir dazu noch eine kurze Abschlussgrübelei anstellen? Oder ist eine Anwendung gefällig? Also dann:

Was kann man mit dem Freundschaftsparadoxon machen?

Zwei Wissenschaftler aus den USA haben damit den Verlauf einer Grippewelle untersucht. Sie haben zuerst eine repräsentative Stichprobe von Studenten einer Uni bestimmt. Nennen wir sie mal die Gruppe *A* der *Menschen*.

Dann wurde jede Person in Gruppe *A* gebeten, einen Freund zu benennen. Die Benannten bildeten die Gruppe *B* der *Menschenfreunde*.

Die beiden Gruppen unterscheiden sich voneinander. Die Studenten in Gruppe *B* haben im Schnitt mehr Freunde als die in Gruppe *A*. Bei Grippewellen findet man in Gruppe *B* typischerweise einen größeren Anteil von Erkrankten als in Gruppe *A*. Dazu muss man wissen, dass Menschen mit vielen Freunden im Schnitt öfter an Grippe erkranken. Das ist statistisch gesichert.

Das ist noch nicht alles. Die Menschenfreunde in Gruppe *B* erkranken bei einer Grippewelle im Schnitt zwei Wochen früher als die Menschen in Gruppe *A*.

Es ist nützlich so was zu wissen: Um Gegenmaßnahmen einzuleiten, gibt das den Behörden, etwa den Gesundheitsämtern, zwei Wochen mehr Zeit. Das ist ein wichtiger Zeitgewinn.

So weit diese Anwendung. Es ist ein toller Einsatz dieses faszinierenden Paradoxons.

„Entsteht so Verzückung?“, fällt mir als Frage dazu ein.

Wie, noch nicht? Na, dann nicht!

Trotzdem ist die Paradoxie von der Freundschaft unter allen Antinomien meine heimliche Freundin.

6

Der Zufall als Mannschaftskamerad

Schildert, was der Zufall für dich tun kann. Und wie man damit einem verrückten Millionär ein Schnippchen schlägt

Dieses Kapitel fängt nostalgisch an oder retro, wie man das heute so nennt. Nämlich indem wir die Zeit zurückdrehen. Vor genau 35 Jahren hat Herr K Abitur gemacht. 35 Jahre später, also heute, trifft sich der Abschlussjahrgang von Herrn K zum ersten Klassentreffen nach der Schulzeit. Fast alle ehemaligen Mitschüler vom Thor-Schluss-Panikgymnasium sind gekommen. Viel Zeit ist vergangen, und alle haben sich mehr oder weniger stark verändert, die meisten eher stark.

Herr K hätte seinen damaligen Freund Andy Abeit nicht wiedererkannt. Der ist jetzt Motivationstrainer für schwer erziehbare, leicht erregbare Teenager.

Jim Panse arbeitet als Tierwärter im Streichelzoo.

Peter Silie versucht als Biobauer sein pflanzliches Glück.

C.H. Hesse, *Warum deine Freunde mehr Freunde haben als du*, DOI 10.1007/978-3-662-53130-3_6

Franz Branntwein tingelt als Landstreicher durchs Leben, seit er seine zweite Ehe in den Sand gesetzt hat. Aber nicht ihn hat es am schlimmsten erwischt.

Sondern Niko Teen. In der Schulzeit war er die Sportskanone im Schwimmunterricht. Doch ohne Vorwarnung wurde er kürzlich auf bösartigen Lungentumor im Endstadium diagnostiziert.

Mario Nese betreibt ein Feinschmecker-Restaurant am Stadtrand von Castrop-Rauxel.

Und Mike Rosoft ist als IT-Spezialist ein Global Player geworden.

Zwei, die schon früher fleißig waren, wurden später noch fleißiger und haben jetzt sogar einen Doktortitel: Dr. Acula erforscht Bluttransfusionen in einer Klinik in Transsylvanien, und der Adelsspross Dr. med. den Rasen hat eine kleine Vorstadtpraxis irgendwo im Grünen.

Irrsinnig gespannt ist Herr K, was aus seinem ersten großen Schwarm geworden ist, der 1000-mal tollen Anna Krohn. Sie hat schon bald nach dem Abi geheiratet und trägt jetzt den Doppelnamen Anna Krohn-Ismus. Mit dem einstigen Klassenbesten Max Ismus hat sie einen Haufen Kinder in die Welt gesetzt.

Angemeldet hat sich auch der frühere Klassen-Depp, Ex-Loser und Akut-Macho Harald Gosch, wegen seines Großmauls damals auch bekannt unter dem Spitznamen Harald „Haldi" Gosch.

Alle sind baff erstaunt, als gerade dieser Harald im edlen Zwirn und mit auf Elvis geföhnter Tolle aus einer Luxuskarosse mit Chauffeur aussteigt.

So ändern sich die Zeiten: Haldi Gosch hatte während der Schulzeit nicht viel auf die Reihe gekriegt. Was das Denken betraf, fremdelte er schon damals sehr stark.

Sein Abschlusszeugnis bekam er erst nach zwei verkorksten Anläufen. Für ihn grenzte das an echte Knochenarbeit. Seine eigene Hemdenfabrik auf die Beine zu stellen, war für einen Wheeler, Dealer und Strippenzieher wie ihn vergleichsweise ein Kinderspiel.

Seitdem die Firma gut läuft und richtig Asche abwirft, ist er auf dem Egotrip. Seine Angestellten und Bediensteten müssen ihn seit Neuestem mit „Herr Vorragend" anreden. Benehmen tut er sich aber ganz anders. So wie ein Typ halt, der viele Dislike-Daumen provoziert.

Mag sogar sein, dass er inzwischen ansatzweise durchgeknallt ist. Man könnte ihn als verrückten Millionär bezeichnen. Genauer wäre Multimillionär. Und multi-verrückt.

Er ist immer noch stinksauer auf seine frühere Schule. Besonders sauer natürlich auf die beiden Mathelehrer Heinz Fiction und E. Pericoloso Sporgersi. Er meint, dass sie es waren, die ihm zweimal den Schulabschluss vermasselt haben. Ihretwegen musste er zwei schulische Ehrenrunden drehen, während andere schon fröhlich winkend ins Leben hinauszogen.

Sein ganzer Frust darauf war beim Klassentreffen noch 1:1 da und kam ihm volle Kanne hoch. Die Zeit hatte keine Wunden geheilt. Deshalb war er so richtig agromäßig drauf. So sehr, dass er sich eine hübsche Gemeinheit ausdachte, um sich an den Lehrern und an seiner Schule zu rächen.

Oh, wie gestrig dies doch ist: Sofort nach dem Klassentreffen kann Haldi Gosch vor Wut nicht mehr an sich halten, ordert schnellstens seine Sekretärin herbei und diktiert ihr einen Brief für seine beiden Mathe-Lehrer:

> „Dieser Brief geht nicht nur an Sie, sondern auch an einen anderen Pauker. Jeder von Ihnen kann entscheiden, ob er mir zurückschreibt oder nicht. Falls mir bis zum nächsten Wochenende genau einer von Ihnen beiden Paukern schreibt, dann schiebe ich meiner früheren sogenannten Bildungsanstalt eine Million Euro rüber. Schreiben Sie mir beide oder schreibt mir keiner, kriegt meine alte Penne keinen Cent. Absprechen untereinander ist verboten!!!"

So weit Haldi Gosch in seiner eigenen Schreibe. Und da er von Natur aus misstrauisch ist, hatte er auch noch hinzugefügt: „Wir machen das unter notarieller Aufsicht."

Haldi Gosch lacht sich ins Fäustchen. Er meint, dass sein Risiko gleich null ist, bei dieser Hinterfotzigkeit Geld zu verlieren. Seine Denke dabei war etwa so: „Jeder der beiden Lehrer muss ja alleine entscheiden. Jeder wird sich überlegen, dass die Schule nur Geld bekommt, wenn er einen Brief schreibt. Da sich das aber beide überlegen und beide dann schreiben, bekomme ich zwei Briefe und die Schule geht leer aus. Es kostet mich keinen müden Cent."

Das ist ein Entscheidungsdilemma. Für die Lehrer. Weniger hochgestochen kann man sagen, die Lehrer sind in einer Zwickmühle. Beide müssen *unabhängig* voneinander entscheiden, was sie tun sollen. Aber das, was am Ende für die Schule rausspringt, ist nicht unabhängig davon, wie sich beide entschieden haben.

Wie sollen die Lehrer vorgehen? Was ist optimal? What to do?

Schreiben oder nicht schreiben? Das ist hier die Frage. Für jeden. Und jeder der beiden ist mit sich bei dieser Entscheidung alleine.

Nehmen wir mal an, dass beide Lehrer die optimale Entscheidung treffen, wenn es eine solche gibt. Immerhin sind's ja Mathelehrer. Also schlau.

Man denkt erst mal, es gibt nur zwei mögliche Entscheidungen. Das stimmt so weit, aber es gibt viele Möglichkeiten, zu diesen Entscheidungen zu kommen. Viele Strategien also.

Die beste Strategie kann nicht sein, definitiv nicht zu schreiben. Die Passivstrategie. Denn dann bekommt der Millionär keinen Brief. Und die Schule bekommt kein Geld.

Die beste Strategie kann auch nicht sein, definitiv zu schreiben. Die Aktivstrategie. Denn dann erreichen den Millionär zwei Briefe. Und wieder sieht die Schule keinen Cent.

So oder so, für die armen Lehrer anscheinend eine echte Sackgasse. Oder eigentlich zwei Sackgassen, für jeden eine.

Ganz sicher schreiben oder ganz sicher nicht schreiben haben als Strategien eins gemeinsam: Beides sind nichtzufällige Strategien. Der Zufall spielt bei beiden keine Rolle.

Diese nichtzufälligen Strategien sind schlecht, da sie ganz sicher – anders gesagt: mit Wahrscheinlichkeit 100 Prozent – in die Erfolglosigkeit führen. „Die Penne is' gearscht", würde Haldi Gosch das nennen. Das hatten wir ja eben genau überlegt.

Nichtzufällige Strategien können die Lehrer also getrost in die Tonne treten. Sie bringen nichts.

Die Lehrer können aber den Zufall für sich nutzen. Ja, das geht. Von sicherem Verhalten können sie umschalten auf zufallsgesteuertes Verhalten. Dann sind sie nicht mehr ausrechenbar. Was sie tun, kann man nicht mehr mit Sicherheit vorhersagen.

„Aber wie soll das gehen?“, fragt sich jetzt der eine oder andere vielleicht.

Das geht so: Jeder der beiden Lehrer für sich und beide unabhängig voneinander schicken ihr Brieflein jeweils mit Wahrscheinlichkeit p ab. Die Erfolgschance ist dann die Wahrscheinlichkeit, dass nur einer der beiden einen Brief abschickt.

Diese Wahrscheinlichkeit, nennen wir sie W, hängt natürlich von dem Wert der Variablen p ab. W ist also eine Funktion von p. Schreiben wir deshalb für diese Wahrscheinlichkeit standesgemäß $W(p)$.

Mit dieser Funktion beschäftigen wir uns jetzt. Sie lässt sich leicht aufschreiben. Der Fall, dass der eine Lehrer abschickt und der andere nicht, tritt mit Wahrscheinlichkeit $p \cdot (1 - p)$ ein.

Genauso groß ist die Wahrscheinlichkeit des umgekehrten Falls, nämlich dass der jeweils andere Lehrer abschickt beziehungsweise nicht. Also haben wir die gerade aufgeschriebene Wahrscheinlichkeit zweimal. Das bringt uns zur Formel

$$W(p) = 2p(1 - p).$$

Die beiden Lehrer wären keine guten Mathelehrer, wenn sie es dabei beließen. Beide werden natürlich den Wert von p so auswählen, dass der Wert von $W(p)$ so groß wie möglich wird. Mathemacher bezeichnen das als Optimierungsproblem.

Und dann ist die nächste Frage klar: Wie schaffen die Lehrer das? Mit welchem p haben sie die besten Chancen?

Um das herauszufinden, müssen wir die Funktion $W(p)$ besser verstehen. Mit etwas Coaching beziehungsweise mit betreutem Denken ist das auch nicht weiter schwer.

Und ich werde versuchen, den Bericht aus der Coaching Zone mit einem einzigen Take in den Kasten zu kriegen. Also, Film ab.

Die Funktion $W(p)$. Eins, die erste. Klappe!

So wie $W(p)$ oben aufgeschrieben wurde, sträubt sie sich dagegen, leicht verstanden zu werden. Deshalb bearbeiten wir zuerst ihre Funktionsgleichung. Dafür gibt es einen coolen Trick: Mit einem einfachen Zahlenhandgriff ersetzt man in der Gleichung die Größe

$$p$$

durch den Ausdruck

$$1/2 + s.$$

Dann hat man eine neue Variable s, die angibt, wie weit p von der Fifty-fifty-Situation abweicht. Und statt der Funktion

$$W(p)$$

mit der Funktionsgleichung

$$2p(1 - p)$$

haben wir jetzt die Funktion

$$W(s).$$

Für diese neue Funktion bekommen wir die Funktionsgleichung, indem wir in die Funktionsgleichung von $W(p)$ einfach

$$p = 1/2 + s$$

einsetzen. Das führt zu

$$2(1/2 + s)(1/2 - s) = 1/2 - 2s^2$$

und somit zu

$$W(s) = 1/2 - 2s^2.$$

Diese Formel mit s ist viel handlicher als die alte Formel mit p. Jedenfalls dann, wenn man schnell sehen will, wo die Wahrscheinlichkeit ihren größten Wert annimmt.

Das Maximum dieser neuen Funktion $W(s)$ muss man nämlich gar nicht mehr großartig ausrechnen. Keine Kalkulation nötig. Es reicht ein kurzer Blick. Damit ist es sofort ablesbar. Und das bringt uns zum Höhepunkt unserer kleinen Denkstrecke.

Die Erfolgswahrscheinlichkeit ist optimal für $s = 0$. Für diesen Wert von s wird ihr Maximalwert 1/2 erreicht. Und der Wert $s = 0$ ist gleichbedeutend mit dem Wert $p = 1/2$.

Das wiederum bedeutet: $W(1/2) = 1/2$ ist das Maximum der Funktion $W(p)$.

Und Cut.

Das wäre geschafft. Aber was sagt uns das?

Ganz einfach: Wählen beide Lehrer diesen Wert $p = 1/2$, verliert der tückische Haldi-Gosch-Millionär mit Wahrscheinlichkeit 1/2 sein Geld.

Eine simple Möglichkeit, das zu erreichen, liegt auf der Hand: Beide Lehrer werfen eine Münze, ob sie den Brief abschicken oder nicht. Das ist die optimale Strategie. Und da sie nun einmal Mathelehrer und naturschlau sind, werden sie sicher früher oder später darauf kommen.

Habt ihr bis hierher durchgehalten?

Danke! Und gut gemacht! Gibt einen Karmapunkt.

Und damit bleibt nur noch: ein guter Abgang aus der Szene. Bildlich und vorbildlich genügt meinen Ansprüchen derzeit dieser:

7

Was zum Teufel tun mit Sudoku-Konfetti?

Entschleiert, wie du ohne Info informativ bist. Und wie sich damit Geheimnisse schützen lassen

Nach diesen ernsten Denkbesorgungen muss jetzt unbedingt wieder was Leichtes her. Möglichst aus dem mathematischen Casualbereich. Vielleicht wieder etwas, das unsere spielerische Stimmung anhebt.

Ja, wie sieht's denn da mit Sudoku aus?

Sudoku ist Kult, ein Gute-Laune-Gig in Zahlenform. Mittlerweile ist es das beliebteste Rätsel der Welt.

Kreuzworträtsel war gestern. Heute rätseln bedeutet meist, sich vor ein Sudoku zu setzen. Sudoku wurde 1979 in

C.H. Hesse, *Warum deine Freunde mehr Freunde haben als du*, DOI 10.1007/978-3-662-53130-3_7

Amerika erfunden, dann in Japan populär, wo es auch seinen Namen bekam, und ging seitdem um die Welt.

Ihr kennt es garantiert. Trotzdem gibt's hier im Warm-up eine Bedienungsanleitung: Ein normales Sudoku hat quadratisch angeordnete Kästchen. Insgesamt $9 \cdot 9$ Stück. Diese 81 Felder lassen sich in 9 Zeilen oder 9 Spalten oder 9 kleine $3 \cdot 3$-Blöcke unterteilen. Der Spieler muss alle 81 Felder so ausfüllen, dass in jeder Zeile, in jeder Spalte und jedem kleinen Block die Ziffern von 1 bis 9 jeweils nur einmal vorkommen.

In einigen der 81 Felder sind schon Ziffern eingetragen. Das sind die Vorgaben. Normal sind zwischen 20 und 30 Vorgaben. Je mehr es sind, desto leichter ist das Sudoku zu lösen.

Warum machen diese Zahlenkästchenrätsel so viel Spaß? Das liegt an der Befriedigung, die man spürt, wenn man ein Sudoku gelöst hat. Und Zahlen an sich sind per se schon mal faszinierend. Sie liefern Präzision im großen Chaos und Wirrwarr der Welt. Und jeder kann Spaß daran haben. Altersübergreifend von acht bis 108. Jeder, der Spaß am Tüfteln hat.

Es sind Zahlentüfteleien für Tüftler und Laien.

Das soll als Vorspann reichen. Und wir gehen zurück zu unseren Hauptpersonen. Auch Herr K ist von der Sudoku-Leidenschaft befallen. Er hat mal in der Zeitung einen Artikel über Sudoku gelesen. Der hat sein Interesse geweckt. Das war vor drei Jahren. Aus Interesse wurde Begeisterung, aus Begeisterung wurde Leidenschaft.

Jetzt, drei Jahre später, ist Herr K ein regelrechter Sudokuholiker. Sogar Mitglied in einem Sudoku-Klub. Aus dem Internet hat er sich eine App heruntergeladen, die ihm auf Knopfdruck frische Sudokus liefert. Je nach Stimmung leichte oder schwere. So ist für Nachschub immer gesorgt.

Auch Little K ist vom Sudoku-Virus befallen. In einem lichten Moment hat er mal den Satz gesagt: „Sudoku ist eine Wolke, auf der man keinen Husten bekommt."

Das klingt ziemlich philosophisch. Ob dieser Satz Zen oder Un-Zen ist, konnte ich für mich bisher allerdings noch nicht entscheiden.

Das ist nur einer von Little Ks mit Philosophie angehauchten Denksätzen. Im Moment ist er nämlich generell auf dem Philosophen-Egotrip. Inzwischen hat er schon ein ganzes System von solchen und ähnlichen Satzgefügen zum Nachdenken in die Welt gestellt, die alle auf seinem eigenen Mist gewachsen sind. Die Profi-Philosophen interessieren ihn dagegen nicht. Was die reden, ist für ihn hauptsächlich Gebabbel.

Denn er meint, es sei eh leichter, selbst eine Philosophie zu entwickeln, als die eines anderen zu verstehen. Das denke ich persönlich auch. Und ich denke darüber hinaus sogar, dass genau dies der Grund dafür ist, warum es so viele verschiedene Philosophien gibt.

Um ein Beispiel zu geben. Man nehme Hegels Definition der Elektrizität:

> „Die Elektrizität ist der reine Zweck der Gestalt, der sich von ihr befreit."

Little K meint, man könne von Hegels gesammelten Unverständlichkeiten in regalmeterweiser Länge ein ganzes SOS-Kinderdorf bauen.

Und im Handumdrehen könne er sich ein halbes Dutzend Hegel-ähnliche Sätze ausdenken, die mindestens genau so viel Sinn für sich reklamieren können. Zum Beispiel diesen: „Die Elektrizität ist das im Sosein bewegte Seiende, dessen Anderswerden sich zum Gegenseienden akzentuiert."

Wer hat mit seinen Wortflocken mehr recht: Hegel oder Little K?

Oder mögt ihr euch diesem Doppeltrauma entwinden und eure eigene Philosophie erfinden? Up to you!

Doch wollen wir nicht zu lange abschweifen. Wir waren bei Little K und Sudoku.

Ein richtiger Kick ist es für Little K, wenn er ein Sudoku lösen kann, das sein Vater nicht geschafft hat. Leise funkelt dann das Glück für ihn. Kleine spielerische Vater-Sohn-Rivalität nennt man das wohl psychologisch. Früher haben beide Ks ihr Sparring beim Schach ausgetragen. Daddy K hat's Little K beigebracht und am Anfang immer gewonnen. Als die Sache dann irgendwann kippte, weil Little K immer besser wurde und immer öfter gewann, hat sein Vater die Lust am Schach verloren. Kommt in den besten Familien vor.

Jetzt kreuzen die beiden die Schwerter beim Sudoku. Manchmal rätseln sie auch um die Wette an einem besonders schweren herum. Das läuft dann so ab: Jeder bekommt dasselbe Sudoku, und wer es am Schnellsten löst, hat gewonnen.

Das letzte Sudoku war extrem schwer. Erst nach mehr als einer Stunde konnte Herr K es lösen. Und Little K schaffte es diesmal in der doppelten Zeit überhaupt nicht. Ja, er glaubt sogar, dass es unmöglich ist und dass Old K einfach nur behauptet hat, er hätte es gelöst, aber es in Wirklichkeit auch nicht geschafft hat.

Little K sagt deshalb etwas süffisant, sein Vater sollte ihm doch mal die Lösung zeigen, bitte schön.

Aber der will das nicht und sagt das auch. Und er strahlt dabei über mehr als zwei Backen. Er freut sich nämlich diebisch darüber, dass er immer mal wieder gegen Little K noch gewinnen kann. Immer seltener, aber egal. Und dieses Gefühl möchte er diesmal noch eine Weile auskosten.

Außerdem meint er, dass Little K mehr davon hat, wenn er bei diesem knallharten Sudoku selbst auf die Lösung kommt.

„Okay“, meint Little K, „dann habe ich echt meine Zweifel, dass du die Lösung wirklich gefunden hast.“

Ziemlich provokant, der Kleine, oder? Irgendwie herausfordernd.

Herr K nimmt die Herausforderung an. Er möchte seinem Sohn beweisen, dass er das Sudoku tatsächlich gelöst hat, einerseits. Aber er will andererseits gar nichts über die Lösung preisgeben. Herr K will seinem Sohn klarmachen, dass er keine heiße Luft geredet hat, als er sagte, er wüsste, wie's geht. Aber er will seinem Sohn dabei keine Tipps geben.

Immer noch möchte er, dass sein Sohn die Lösung von selbst findet, damit er dasselbe Erfolgserlebnis hat, wie er es auch hatte. Beides ist ihm wichtig: das Einerseits und das Andererseits. Keine leichte Mission, deshalb.

Das Problem sieht hier ausgesprochen speziell und vielleicht sogar unnatürlich aus. Aber Probleme von demselben Typ gibt's überall. Sie treten an ganz vielen Stellen auf. Zum Beispiel dann, wenn man ein Geheimnis kennt und jemanden davon überzeugen will, dass man es kennt, ohne es zu verraten. Hören wir uns mal einen Dialog an, der sich dann wie folgt abspielen könnte:

Ali: „Ätsch, ich kenne das Rezept für Coca-Cola und du nicht.“

Baba: „Das glaube ich nicht. Nur fünf Menschen auf der Welt kennen das geheime Rezept. Die verraten es nicht, die fliegen noch nicht mal alle im selben Flieger.“

Ali: „Ja, das stimmt. Aber ich bin einer von den fünf.“

Baba: „Ich glaube trotzdem nicht, dass du das Rezept kennst."
Ali: „Ich kenn es aber doch."
Baba: „Also, dann beweise es mir."
Ali: „Na gut, ich sag's dir. Man nehme . . ."
Baba: „Toll, jetzt kenne ich es auch. Jetzt verkaufe ich es für eine Million an Pepsi."
Ali: „Du bist ein Sackgesicht."

Man sieht sofort, dass es problematisch sein kann, wenn man einen anderen Menschen davon überzeugen will, ein Geheimnis zu kennen, und das auf eine Weise tut, dass der andere das Geheimnis dann auch kennt.

Selbiges gilt bei allen Passwortverfahren. Der Programmierer der Maschine, etwa des Geldautomaten, der das Passwort zur Identitätsüberprüfung abfragt, könnte später das eingegebene Passwort des Users in Erfahrung bringen und dann mit der Identität des Users auftreten.

Aber wie soll man das Problem anders lösen, als das Geheimnis mitzuteilen? Wie macht man es so, dass das Geheimnis Geheimnis bleibt? Geht nicht, oder?

In der Tat wurde diese Aufgabenstellung lange als unlösbar betrachtet. Und dann irgendwann doch gelöst. Wie es halt hin und wieder mal bei einigen als unlösbar betrachteten Problemen vorgekommen ist. Jemand, der nicht wusste, dass es unlösbar ist, geht her und macht's einfach.

Gehen wir zurück zum Sudoku: Wie kann man jemanden davon überzeugen die Lösung eines Sudoku zu kennen, ohne das geringste Wissen über die Lösung preisgeben zu wollen?

Nur das „Dass“ soll klargemacht werden, ohne etwas über das „Wie“ mitteilen zu müssen.

So wird’s gemacht: Man setzt den Zufall dafür ein. Man arbeitet mit Verzufallung oder Randomisierung, wie es hochgestochen heißt. Der Zufall macht’s möglich. Das ist der Trick bei den „Zero-Knowledge-Verfahren“.

Jetzt könnte jemand aufstehen und sagen, dass ihm das überhaupt nichts sagt. Also noch mal: Wie wird’s genau gemacht?

Herr K zeigt uns das pädagogisch wertvoll mit einem gekonnten Zero-Knowledge-Beweis. Um den durchzuführen, bastelt er sich insgesamt $9 \cdot 9 = 81$ kleine Kärtchen, die er genau über die Felder des 9×9-Sudoku-Schemas legt.

Auf der nicht sichtbaren Unterseite jeder Karte hat er seine Lösungsziffer für das abgedeckte Feld notiert. Auf der sichtbaren Oberseite sind die Karten fortlaufend von 1 bis 81 durchnummeriert, je nach ihrer Position im Zahlengitter. Das sieht von oben betrachtet dann einfach so aus:

1	2	3	4	5	6	7	8	9
10	11	12	13	14	15	16	17	18
19	20	21	22	23	24	25	26	27
28	29	30	31	32	33	34	35	36
37	38	39	40	41	42	43	44	45
46	47	48	49	50	51	52	53	54
55	56	57	58	59	60	61	62	63
64	65	66	67	68	69	70	71	72
73	74	75	76	77	78	79	80	81

Nun kommt Little K. Er ist der Prüfer. Er will zuerst nachsehen, ob alle Vorgaben des Sudoku erfüllt sind.

Er dreht alle Karten, die auf den vom Sudoku vorgegebenen Ziffern liegen, und schaut, ob auf ihrer Unterseite jeweils die vorgegebene Ziffer steht. So kann er sich überzeugen, ob Daddy K wirklich alle vom Sudoku als fest gesetzten Bedingungen erfüllt hat. Mit dieser ersten Überprüfung bekommt er kein bisschen Wissen über die Lösung. Das halten wir fest.

Jetzt geht es um die eingefügten Lösungszahlen.

Herr K nimmt nun die neun Kärtchen der ersten Reihe, gibt sie in einen Beutel und schüttelt diesen. Das ist die Randomisierung, von der ich gesprochen hatte. Mischen. Dann legt er diese Karten mit der *Lösungsseite* nach oben, sodass Little K die *Nummerierungsseiten* nicht (!) sehen kann.

Dann kann sich Little K überzeugen, dass alle Zahlen von 1 bis 9 in dieser Zeile einmal vorkommen. Da er aber nicht die Nummerierungsseiten sieht, erfährt er nichts über die Positionen der Lösungsziffern in der ersten Reihe. Er erfährt nur, dass die Sudoku-Anforderung, alle Zahlen zu verwenden, von seinem Vater für diese Zeile erfüllt wurde.

Das halten wir wieder fest: Little K hat nichts über die Positionen der Lösungszahlen erfahren. Er konnte nur feststellen, dass so weit alles richtig gemacht wurde.

Ist dies erledigt, legt Herr K die Karten der ersten Reihe wieder an die richtigen Stellen zurück, während sich Little K kurz abwendet. Das richtige Zurücklegen geht anhand der Nummerierungsseiten.

Dasselbe wiederholt sich nun für jede der anderen Zeilen des Gitters. Dann für jede Spalte. Und schließlich für jeden der neun $3 \cdot 3$-Blöcke des Gitters. Immer werden nach der Überprüfung einer Zeile, einer Spalte oder eines

$3 \cdot 3$-Teilquadrats die im Beutel gemischten Kärtchen wieder an ihre Ausgangspositionen zurückbefördert.

So erfährt Little K nichts über die Lösung. Rein gar nichts. Und nachdem Herr K all das veranstaltet hat, muss Little K wohl oder übel zugeben, dass sein Vater das Sudoku tatsächlich voll gelöst hat.

Cool, oder? Der Beweis ist glasklar. Und gibt trotzdem keinen einzigen Tipp über die Lösung.

Um den Rest des Tages nicht kampflos der Niederlage zu überlassen, mobilisiert Little K nun alle Gehirnwindungen im wehrfähigen Alter, um seinerseits auch noch die Lösung zu finden.

An dieser Stelle verlassen wir die beiden, denn wir haben einen wichtigen mathematischen Gerichtstermin.

8

Mathematatik vor Gericht

Demonstriert, wie Wahrscheinlichkeiten die Wahrheit finden. Und wie sie den Zahlenmissbrauch eines Staranwalts aufdecken

Okay, es ist schon lange her. Rund 20 Jahre. Einige von euch, die das jetzt hier lesen, waren damals noch nicht geboren. Haben aber vielleicht später davon gehört. Die Sache ist nämlich immer noch ziemlich bekannt. Ihr werdet sehen, auch dieses Kapitel bringt gleich einen richtigen Paukenschlag als Themenspender. Nach all den Neulichkeiten früherer Kapitel – neulich beim Sudoku, neulich beim Klassentreffen, neulich beim Schach – spulen wir hier aber in die Vergangenheit zurück.

Es geht um einen Mann namens Orenthal James Simpson, den alle Welt als O. J. Simpson kennt. Jetzt brennt sich was Grelles ein in die bisherige Gemütlichkeit dieses Buches: Es geht um Mord. Das amerikanische Sportidol mit dem Spitznamen „Juice" – aufgrund der Initialen seiner

C.H. Hesse, *Warum deine Freunde mehr Freunde haben als du*, DOI 10.1007/978-3-662-53130-3_8

Vornamen: O. J. = Orange Juice – war damals angeklagt, seine Frau ermordet zu haben. Während des Prozesses kam unter anderem heraus, dass er sie während der Ehe mehrfach geschlagen hatte.

Was diese in der Beweisaufnahme gesicherte Tatsache statistisch bedeutet, damit wollen wir uns im weiteren Verlauf befassen. Und im Zuge dessen läuft unsere Solidargemeinschaft, also ihr und ich, zu denkerischen Hochtouren auf. In mancher Hinsicht ist es das anspruchsvollste Kapitel des Buches.

Wenn ihr die Aufmerksamkeitsspanne habt, den nächsten Seiten zu folgen, werdet ihr am Ende garantiert schlauer sein als Rechtsanwalt Alan Dershowitz, einige andere Verteidiger, die meisten Geschworenen und viele Journalisten, die mit dem Fall befasst waren. Das macht es doch wert.

Außerdem: Für einen gehobenen Anspruch und eine entsprechende Herausforderung ist die Zeit jetzt einfach reif, findet ihr nicht?

Ein Trost ist: Die sehr komplizierte Mathematik wird entbürokratisiert präsentiert.

Jetzt wollen wir aber in die Gänge kommen.

Die Staatsanwaltschaft wertete die genannte Tatsache der häuslichen Gewalt als Mordindiz. Die Verteidigung in Gestalt des Anwalts Dershowitz brachte dagegen vor, die Schläge hätten keine Bedeutung. Sinngemäß sagte er: „Denn Statistiken belegen: Nur ein Promille, also einer von tausend Ehemännern, die ihre Frau schlagen, werden sie irgendwann auch umbringen."

Das ist eine ziemlich klare Meinungsverschiedenheit zwischen Staatsanwaltschaft und Verteidigung.

Was machen wir an dieser Stelle?

Dies wäre kein Ja!-Buch der Mathematik, wenn wir nicht auch in dieser Frage den Beistand der Mathematik suchen würden. Mathe hilf!

Klar also, wir fragen die Mathematik um Rat. Aber kann sie uns denn hier überhaupt helfen? Kann sie solche Meinungsverschiedenheiten aufklären?

Geben wir ihr eine Chance. Die Frage lautet ja wohl:

Ist die Tatsache, dass O. J. Simpson seine Ehefrau geschlagen hat, relevant?

Und wenn ja: Wie relevant ist sie? Was folgt daraus?

Wie üblich gehen wir schrittweise vor, step by step.

Erst mal: Der von Dershowitz angegebene Wert von einem Promille stimmt. Das ist die richtige Antwort. Aber auf die falsche Frage, die hier nicht vorliegt. Die richtige Frage ist nämlich nicht: „Wie viele Mörder ihrer Ehefrauen haben vorher ihr Opfer auch geschlagen?"

Selbst wenn die Antwort darauf 100 Prozent wäre, was könnte man im Prozess damit anfangen? Gar nichts. Das mache ich euch klar, indem ich die Frage anders stelle: Und zwar ganz absurd anders stelle: „Wie viele Mörder ihrer Ehefrauen haben vorher irgendwann schon mal Wasser getrunken?"

Auch hierauf ist die Antwort 100 Prozent. Aber der hohe Prozentsatz steht in keiner Beziehung zur Tat. Vorheriges Wassertrinken macht die spätere Tat weder wahrscheinlicher noch unwahrscheinlicher.

Selbst für den unausgeschlafendsten Denker der Reserve dürfte das jetzt geklärt sein.

Wenn keine dieser Fragen die richtige ist, was ist denn dann die richtige Frage?

Es ist diese:

Wie groß ist die Wahrscheinlichkeit, dass der Ehemann der Täter ist, wenn er seine Frau nachweislich geschlagen hat *und* diese Frau dann später umgebracht wird?

Und das kann man mit Mathematik beantworten. Das mathematische Tool dafür ist die Bayes-Formel der Wahrscheinlichkeitstheorie aus dem Jahr 1763.

In dieser Formel treten bedingte Wahrscheinlichkeiten auf. Ich sage euch deshalb zuerst, was das für Wahrscheinlichkeiten sind: Manchmal, wenn wir wissen, dass bei einem Zufallsvorgang ein Ereignis B eingetreten ist, interessieren wir uns für die Wahrscheinlichkeit, dass gleichzeitig auch ein Ereignis A eingetreten ist. Diese Wahrscheinlichkeit, die von zwei Ereignissen abhängt, schreiben wir als $P(A/B)$ und nennen sie die *bedingte Wahrscheinlichkeit von A gegeben B.* Gesprochen wird das als „P von A gegeben B “.

Es ist also die Wahrscheinlichkeit eines Ereignisses A unter der Voraussetzung, dass ich ein bestimmtes Wissen habe, das vielleicht für das Eintreten des Ereignisses A von Bedeutung ist, also A wahrscheinlicher oder unwahrscheinlicher macht.

So macht etwa mein Wissen, dass es heute regnet, das Ereignis, dass es morgen regnet, wahrscheinlicher. Dieses Wissen wird als Ereignis B bezeichnet und bildet die Grundlage, auf der ich die Wahrscheinlichkeit eines Ereignisses A berechne.

Und nun weiter mit unserem Thema, jetzt in der Gestalt von: *die Gesetze der Wahrscheinlichkeitstheorie und die Gesetze.*

Mit bedingten Wahrscheinlichkeiten kann man natürlich auch rechnen. Das ist nicht immer ganz leicht, und tatsächlich wirkt ein Teil dieses Abschnitts so wie Mathe auf Lunge. Trotzdem: Rechnen wir ein bisschen. Zuerst aber wollen wir bedingte Wahrscheinlichkeiten besser verstehen.

Dabei hilft ein kurzer Ideen-Recall. Da das Ereignis B eingetreten ist, muss es entweder zusammen mit Ereignis A eingetreten sein – dann ist $A \cap B$ eingetreten –, oder Ereignis B muss ohne Ereignis A eingetreten sein – dann ist $\bar{A} \cap B$ eingetreten, gelesen als „A quer geschnitten B".

Die Wahrscheinlichkeit $P(A/B)$ ist dann jener Anteil der Summe $P(\bar{A} \cap B) + P(A \cap B)$, den die Wahrscheinlichkeit von $A \cap B$ ausmacht, also die Wahrscheinlichkeit des Eintretens sowohl von Ereignis A als auch von Ereignis B. Mit

$$P(\bar{A} \cap B) + P(A \cap B) = P(B)$$

bringt uns das sofort zu der handlichen Formel

$$P(A/B) = \frac{P(A \cap B)}{P(B)}.$$

So weit alles klar?

Gut!

Dann soll als Nächstes kurz erwähnt sein, dass die Wahrscheinlichkeit $P(A/B)$ gedanklich etwas ganz anderes ist als die Wahrscheinlichkeit $P(B/A)$. Die Reihenfolge von Voraussetzung und Schlussfolgerung ist vertauscht:

Dass ich mich höchstwahrscheinlich *verrechne*, wenn ich *Schluckauf habe* bedeutet etwas anderes, als dass ich höchstwahrscheinlich *Schluckauf kriege*, wenn ich mich verrechnet habe.

Auch rechnerisch wird das bestätigt. Wir müssen in der letzten Formel nur Ereignis A und Ereignis B vertauschen. Die Formel verändert sich dann zu

$$P(B/A) = \frac{P(B \cap A)}{P(A)}.$$

Und wir sehen sofort, dass zwar der Zähler derselbe geblieben ist wie bei $P(A/B)$, der Nenner sich aber zu $P(A)$ geändert hat.

Mit den letzten beiden Formeln können wir eine fesche Beziehung zwischen den darin enthaltenen, bedingten Wahrscheinlichkeiten herstellen. Wir müssen nur die zweite Gleichung zu

$$P(B/A) \cdot P(A) = P(B \cap A)$$

umstellen und dann deren linke Seite für den Zähler der ersten Gleichung einsetzen. Mühelos landen wir dann bei

$$P(A/B) = \frac{P(B/A) \cdot P(A)}{P(B)},$$

was vor 300 Jahren noch Neuland war.

Nicht viel weiter als bis hier ist Mitte des 18. Jahrhunderts Thomas Bayes gekommen. Für ihn aber reichte es aus, um neues Wissen zu schaffen.

Das letzte Formelfabrikat ist sein Theorem. Von ihm gemacht und später nach ihm benannt: die berühmte Bayes-Formel.

Für theoretische Unscheinbarkeit würde sie wohl alle Preise abräumen, dennoch ist sie in der Echtwelt vielseitig einsetzbar. Mit der Bayes-Formel lassen sich selbst bei härtnäckigen Problemen des bedingten Schließens Wunschergebnisse erzielen.

Ersetzt man in ihr das Ereignis A durch das Gegenereignis $\bar{A}$, geht die Gleichung über in

$$P(\bar{A}/B) = \frac{P(B/\bar{A}) \cdot P(\bar{A})}{P(B)}.$$

Diese flankierende Zusatzgleichung wird auch noch gebraucht, wenn statt mit Wahrscheinlichkeiten mit den sogenannten *Odds*, auch Chancen genannt, gerechnet werden soll. Googelt man das Wort „Odds", werden rund 170 Millionen Seiten gezählt, auf denen etwas über diesen Begriff zu finden ist. Was wir brauchen, passt allerdings schon in eine Nussschale.

Odds sind definiert als der Quotient aus der Wahrscheinlichkeit, dass ein Ereignis eintritt, und der Wahrscheinlichkeit, dass es *nicht* eintritt. Die Odds 1:1 bedeuten demnach 50 Prozent Wahrscheinlichkeit oder – im Alltagsdeutsch – fifty-fifty.

Aus den Odds kann man natürlich auch wieder die Wahrscheinlichkeiten errechnen. Stehen die Chancen für das Eintreten eines Ereignisses E etwa $a : b$, dann geht der Übergang von diesen Odds für E zur Wahrscheinlichkeit $P(E)$ über die Beziehung

$$P(E) = \frac{a}{a+b}.$$

Das Theorem von Thomas Bayes kann deshalb statt mit Wahrscheinlichkeiten ganz bequem auch als Chancenverhältnis ausgedrückt und dann eventuell sogar besser verstanden werden.

Dazu braucht man die Gleichungen für $P(A/B)$ und $P(\bar{A}/B)$. Der Quotient dieser bedingten Wahrscheinlichkeiten ist ja dieser:

$$\frac{P(A/B)}{P(\bar{A}/B)} = \frac{P(A)}{P(\bar{A})} \cdot \frac{P(B/A)}{P(B/\bar{A})}.$$

Und das ist eine super Formel. Mit ihr können wahrscheinlichkeitslogische Schlussfolgerungen vorgenommen werden.

Was für Schlussfolgerungen?

Schlussfolgerungen, die nicht mit Sicherheit, sondern nur mit einer gewissen Wahrscheinlichkeit zutreffen. Diese Art von Schlussfolgerungen können mit der Formel ungemein handlich und logisch einwandfrei in ihrer Richtung umgekehrt werden.

Deshalb ist diese Formel die Grundlage einer gewaltigen Theorie der Wahrscheinlichkeitslogik, die anders als die traditionelle Logik funktioniert. Das ist die Logik der mit Sicherheit wahren oder falschen Aussagen. Die traditionelle Logik haben wir zum Beispiel bei Aussagen wie „Wenn es heute Abend regnet, ist die Straße nass".

Regnet es heute Abend, dann kann mit Sicherheit gefolgert werden, dass die Straße nass ist.

Anders ist es bei der Aussage „Regnet es heute Abend, gehe ich mit 90-prozentiger Wahrscheinlichkeit ins Kino". Das ist Wahrscheinlichkeitslogik.

Besonders wichtig ist die Wahrscheinlichkeitslogik in der Medizin: Wenn jemand eine bestimmte Krankheit hat, dann reagiert ein bestimmter medizinischer Test positiv. In einer idealen Welt wäre der Test bei jedem Kranken positiv und bei jedem Gesunden negativ.

Aber wir leben nicht in einer Idealwelt, sondern in der Wirklichkeit. Und da passieren Fehler. Deshalb ist selbst ein ausgesprochen zuverlässiger Krebstest bei einem Erkrankten nie mit absoluter Sicherheit positiv, sondern nur mit einer bestimmten Wahrscheinlichkeit.

Um diese Dinge mathematisch zu durchdenken, schreiben wir diese Wahrscheinlichkeit einmal als

$$P(Test\,positiv\;gegeben\;Patient\;ist\;krank) = 0,99.$$

Das ist eine bedingte Wahrscheinlichkeit. Nur etwas ungewöhnlich aufgeschrieben. Und die bedingte Wahrscheinlichkeit ist sehr hoch, was für die Zuverlässigkeit des Tests spricht.

So weit, so gut und immer noch so einfach.

Wenn sich nun ein Patient dem Test unterzieht und der Test positiv ausfällt, dann hat der Patient ein Problem. Flugs ist er Probleminhaber. Inhaber des Problems, dass er denkt, an Krebs zu leiden, mit allen Sorgen, die dazugehören. Das zu denken, ist naheliegend, da genau dies ihm soeben vom Test mitgeteilt wurde. Und immerhin ist der, der das sagt, nicht irgendjemand, sondern ein medizinischer Test mit 99-prozentiger Zuverlässigkeit.

Sind die Sorgen berechtigt? Wir raten dem Patienten, auf jeden Fall einen kühlen Kopf zu bewahren und die Situation zuerst zu analysieren. Das ist nicht ganz leicht. Denn soll das gelingen, muss die Denkrichtung des Patienten eine andere sein, nämlich genau in umgekehrter Richtung ablaufen.

Mathematisch ausgedrückt sollte ihn jetzt die bedingte Wahrscheinlichkeit

$$P(\textit{Ich bin krank gegeben Test war positiv})$$

interessieren.

Auch hier darf man die eine bedingte Wahrscheinlichkeit nicht mit der anderen verwechseln. Mit der ersten kann man die Performance des Tests einschätzen. Ausgehend von einem bekannten Krankheitsstatus des Patienten wird wahrscheinlichkeitslogisch auf das Testergebnis geschlossen.

Mit der zweiten wird vom mitgeteilten Testergebnis auf die Gesundheit/Krankheit des Patienten geschlossen. Und diese Schlussfolgerungsrichtung ist für den Patienten natürlich viel wichtiger, als die Qualitätsmerkmale des Tests es sind.

So weit die Gedanken zum Test.

Im Prozess gegen O.J. Simpson spielen beide Arten von bedingten Wahrscheinlichkeiten eine wichtige Rolle. Man muss aber auch hier einschätzen, welche für das Gerichtsverfahren besonders wichtig und welche weniger wichtig ist. Denn auch hier bestehen große Unterschiede.

Gehen wir der Sache auf den Grund. Indem wir tiefer schürfen als bisher.

Was zuerst gebraucht wird, ist eine Erweiterung der Bayes-Formel: Und zwar auf eine Situation, in der wir nicht nur ein einziges Ereignis, sondern zwei Ereignisse haben, die nach unserem Wissensstand sicher eingetreten sind. In Odds-Darstellung bekommen wir die Erweiterung mit einer zwar deftig aussehenden, aber eigentlich nicht schweren Rechnung:

$$\begin{aligned}
\frac{P(A/B\cap C)}{P(\bar{A}/B\cap C)} &= \frac{P(A\cap B\cap C)/P(B\cap C)}{P(\bar{A}\cap B\cap C)/P(B\cap C)}\\
&= \frac{P(A\cap C)}{P(\bar{A}\cap C)}\cdot\frac{P(A\cap B\cap C)/P(A\cap C)}{P(\bar{A}\cap B\cap C)/P(\bar{A}\cap C)}\\
&= \frac{P(A\cap C)/\,P(C)}{P(\bar{A}\cap C)/P(C)}\cdot\frac{P(B/A\cap C)}{P(B/\bar{A}\cap C)}\\
&= \frac{P(A/C)}{P(\bar{A}/C)}\cdot\frac{P(B/A\cap C)}{P(B/\bar{A}\cap C)}.
\end{aligned}$$

Ich höre gerade noch, wie jemand sagt: „Die Formel macht mich fertig.“

Das will ich nicht gehört haben. Ich gebe aber dies zu Protokoll: Wenn ihr es unfallfrei bis hier geschafft habt, dann habt ihr das bewiesen, was man ab und an auch mal beweisen muss, nämlich Zähigkeit.

Für eure nach diesen Darbietungen sicher höhertourig aktivierten Neuronen, schiebe ich gleich noch etwas Erbauliches nach, und zwar – zwecks Deeskalation – eine einfache Frage: Was lässt sich damit anfangen?

Sehr viel, wie wir sehen werden, wenn wir die Ereignisse A, B und C in der Formel geschickt wählen. Deren Wahl hängt davon ab, was wir schon wissen und was wir noch wissen wollen.

Das zeigt die O. J. Simpson Causa sehr schön. Hier ist noch eine flankierende Information: Nach Polizeistatistiken ist in drei von zehn Fällen, in denen eine Frau in den USA ermordet wird, der Ehemann bzw. Freund der Täter.

Gut zu wissen. Dieser Wissensbaustein ist ein Anfang. Aber er reicht nicht aus. Für eine Anwendung auf den Simpson-Fall wird mehr gebraucht. Unter anderem eine Antwort auf diese Frage: Unter den Männern, die ihre Frau ermordet haben: Wie hoch ist der Anteil der Männer, die ihre Frau zuvor auch schon geschlagen haben?

Es ist unmöglich, darüber seriöse Statistiken zu bekommen. Im Beamten-Slang gesprochen befinden wir uns im Nichtbeibringlichkeitsfall. Doch eine Schätzung von 1/3 scheint eher konservativ zu sein. Setzen wir diesen Wert an.

In der amerikanischen Gesamtbevölkerung wird nach Expertenschätzungen etwa eine von 20 Frauen in der Ehe geschlagen. Auch diesen Wert setzen wir an. Treffen wir darüber hinaus noch die plausible Vereinbarung, dass dieser Schätzwert auch für die Gruppe der irgendwann von jemand anderem als dem Ehemann ermordeten Frauen gilt, dann sind wir mit der erweiterten Bayes-Formel voll und ganz für einen Einsatz bereit.

Nachdem diese Puzzleteile herbeigeschafft worden sind, kann die Formel locker in obiger Weise angewendet werden. Für ihren kompakten Einsatz, schreiben wir dazu abkürzend:

- S für „Ehemann ist schuldig"
- G für „Frau wurde von Mann in der Ehe geschlagen"
- U für „Frau wurde umgebracht"

Damit ist alles tipptopp, und die Formel mit zwei bedingten Ereignissen sagt uns:

$$\frac{P(S \text{ gegeben } G \text{ und } U)}{P(\text{nicht } S \text{ gegeben } G \text{ und } U)} = \frac{P(S \text{ gegeben } U)}{P(\text{nicht } S \text{ gegeben } U)} \cdot \frac{P(G \text{ gegeben } S \text{ und } U)}{P(G \text{ gegeben nicht } S \text{ aber } U)} = \frac{3/10}{7/10} \cdot \frac{1/3}{1/20} = 20 : 7.$$

Das Ergebnis 20:7 ist in Odds-Form.

Demnach ist die bedingte Wahrscheinlichkeit für die Schuld des Ehemanns gleich $20/(20+7) \approx 0,75$.

Puh, Schweißperlen?

Dann lassen wir's dabei.

Fast.

Nur noch so viel: Man muss mit Schlussfolgerungen aus dieser Rechnung vorsichtig sein: Die errechneten 75 Prozent sind nicht etwa die Wahrscheinlichkeit, dass O. J. Simpson der Täter ist. Der Wert ist aber ein Indiz, das aus der

Ermordung einer Frau resultiert, die während ihrer Ehe von ihrem Ehemann geschlagen wurde, der späterhin ihres Mordes angeklagt wird. Dieser recht hohe Wert gilt im konkreten Fall O. J. Simpsons schon vor jeglicher Beweisaufnahme.

Und dieser Wahrscheinlichkeitswert ist weitaus größer als der anfangs genannte Wert von einem Promille, den Simpsons Verteidiger Dershowitz in das Verfahren eingebracht hatte, um seinen Mandanten bei den Geschworenen in günstigerem Licht erscheinen zu lassen. Der aber ist viel zu klein. Die Dershowitz-Rechnung: Ein typischer Fall von Mathematikmissbrauch.

Nun aber endlich der bildgestützte Abgang aus der Szene!

9

Im dunklen Raum eine schwarze Katze finden, die gar nicht drin ist

Enträtselt, wie du die richtigen Antworten kriegst, ohne die richtigen Fragen zu stellen. Und wie man damit mysteriöse Wahrheiten aufspürt

Klassenzimmer der Klasse 9b am Alf-A.-Beth-Gymnasium an einem aprilernen Maitag um 9: Klassenlehrer Zwonimir, bekannt für seine sauschweren Klassenarbeiten, gibt die Mathearbeit zurück. Überraschung: Sie ist extrem gut ausgefallen. Was sogar eine überflüssige Untertreibung ist, denn alle Schüler haben eine 1 oder eine 2. Das kann regulär eigentlich nicht passieren.

Auch Mathelehrer Zwonimir, der f(x)-Mann, wie ihn die Schüler nennen, wenn sie über ihn lästern, traut dem Braten nicht. Er ist sauer und fühlt sich so wie Beuys, als man seine Fettecke gereinigt hatte: Seine mit Mühe mal Hirnschmalz ausgedachte Klassenarbeit wurde durch Banausen entwertet.

C.H. Hesse, *Warum deine Freunde mehr Freunde haben als du*, DOI 10.1007/978-3-662-53130-3_9

Er ist sich absolut sicher, dass da irgendwie geschummelt wurde. Aber wie soll er das herauskriegen?

Eine Minute später.

Forsch versucht der Lehrer es auf die direkte Art. Er fragt die Klasse: „Raus mit der Sprache. Wer von euch hat bei der Arbeit geschummelt?“ Keiner meldet sich. „Oder besser: Wer hat nicht geschummelt?“ Alle melden sich.

Hoffnungslos. Das Ergebnis bedeutet natürlich nicht, dass wirklich niemand geschummelt hat. Es bedeutet nur, dass kein Schummler sich geoutet hat.

Der Lehrer gibt auf. Denn letzten Endes kann Lehrer Zwonimir seiner Klasse nie wirklich böse sein. Vor allem deshalb nicht, weil auch er in der Schulzeit heftig geschummelt hat.

Seinen genialsten und absolut lehrbuchreifen Schummeleinfall hatte er, nachdem er eine Deutscharbeit mit einer 5 zurückbekommen hatte. Zuhause strich er kurzerhand noch mehrere richtig geschriebene Worte rot an und beschwerte sich in der nächsten Stunde über die Korrekturfehler des Lehrers und die ungerechte Note. Der Lehrer korrigierte die Falschmarkierungen und veränderte die Note zu einer 4.

Durch diese Erinnerung an eigene Schummel-Stunts milde gestimmt, sagt er schließlich gutwillig zur Klasse: „Okay, ich glaube euch. Vielleicht habt ihr euch ja alle auf die Klassenarbeit gut vorbereitet."

Ein hörbares Glucksen geht durch das Klassenzimmer. Die Wahrheit lauert irgendwo da draußen.

Und Schnitt.

Die beschriebene Lehrer-Schüler-Schummel-Szene im Klassenzimmer ist kein Spezialproblem. Sondern eine Standardsituation bei Befragungen, in denen heikle Themen angesprochen werden. Viele Leute geben manche Dinge auf Anfrage nicht gerne zu.

Wenn man zum Beispiel rauskriegen will, welcher Anteil der Bevölkerung schon mal im Laden was geklaut hat oder betrunken Auto gefahren ist, hat man genau diese Situation. Bei solchen Themen macht eine direkte Befragung keinen Sinn. Das Entscheidende fehlt: nämlich die ehrlichen Antworten. Den Ergebnissen ist nicht zu trauen wegen zu starker Verzerrung.

Doch Mathematiker wären nicht Mathematiker, wenn sie nicht auch über diese Angelegenheit nachgedacht hätten. Sie haben sich damit befasst, wie das fundamentalste Hindernis bei der Wahrheitsfindung zu beseitigen ist: wenn sie es statt mit der Wahrheit mit Unwahrheiten zu tun haben.

Und? Haben die Mathematiker wirklich etwas gefunden? Das wäre doch wohl fast ein Wunder, oder? Ein Wunder der Wahrheitsfindung.

Ja, sie haben etwas gefunden. Und ja, es ist fast ein Wunder. Und sie sind unsere Helden. Wären sie Artisten: Sie ritten auf Löwen und sprängen durch brennendes Öl. Sie tun es für uns.

Die gefundene Lösung hat einen betörenden Charme. Es ist eine mathematische natürlich: Meine Lieblingswissenschaft stellt für solche Problemlagen die *Methode der Zufallsantworten* bereit.

„Wie geht denn die?" und „Da bin ich ja mal gespannt" denken vielleicht manche jetzt.

Ist im Prinzip ne ganz einfache Angelegenheit. Man muss für die Antworten der Befragten irgendwie Anonymität einbauen. Dann ist es für sie leichter, heikle Dinge zuzugeben. Denn dann gibt es eigentlich keinen Grund mehr, unrichtig zu antworten.

Wie das konkret umgesetzt wird, ist eine ziemlich schlaue Sache: Die Antworten der Befragten werden verzufallt. Man gibt einen Schuss Zufall dazu. Durch eingebaute Zufallseinflüsse werden die Antworten verrauscht und dadurch kaschiert. Die Wirkung davon ist, dass der Fragesteller aus der Antwort des Befragten nicht mehr auf dessen Verhalten zurückschließen kann.

Eine hübsche Grundidee, diese Zufallsbeimischung.

Wenn das Frage-Antwort-Setting durch Zufallsfaktoren angereichert wird, darf es sich natürlich nicht um absolut wilden, unstrukturierten Zufall handeln, der alles verwischt und vernebelt und versaut. Man muss aus der Gesamtheit der Antworten auch noch etwas Sinnvolles herauslesen können. Zwar nicht, welcher Mensch welche Antwort gegeben hat. So kleinteilig muss es nicht sein. Aber doch, welcher

Anteil der Bevölkerung welchem Antworttyp zugeordnet werden kann.

Der Prozentsatz der Leute mit dem heiklen Verhalten sollte tendenzfrei ermittelt werden können. Wenn das ginge, wären die Zufallsantworten genügend informativ. Dann wäre das Ziel erreicht. Denn Anonymität ist das beste Verfahren, Befragte zu ehrlichen Antworten bei sensiblen Fragen zu ermuntern.

Hier ist ein Beispiel, wie die Zufallszugabe konkret vorgenommen werden kann, wenn's ums Schummeln in der Klassenarbeit geht: Die sensible Frage wird zweigeteilt in eine direkte Nachfrage und in das Gegenteil dieser Frage. Es gibt also zwei mögliche Fragen:

- Frage *A*: „Stimmt es, dass du bei der Klassenarbeit geschummelt hast?"
- Frage *B*: „Stimmt es, dass du bei der Klassenarbeit nicht geschummelt hast?"

Auf beide Fragen ist die Antwort jeweils ein schlichtes Ja oder Nein.

Jetzt kommt der Trick: Welche Frage vom Schüler beantwortet werden soll, wird vom Ausgang eines Zufallsexperiments abhängig gemacht. Es wird nämlich ausgewürfelt. Und zwar vom Schüler selbst: Er wirft einen Würfel, ohne dass der Lehrer die geworfene Augenzahl sehen kann.

Der Schüler beantwortet Frage *A*, falls ihm – und nur ihm – der Würfel eine 5 oder 6 zeigt. Bei den Augenzahlen 1, 2, 3 oder 4 beantwortet er Frage *B*.

Sagen wir mal ganz allgemein, dass er mit Wahrscheinlichkeit p Frage A beantworten muss und mit Wahrscheinlichkeit $1 - p$ Frage B.

Der Lehrer weiß nicht, welche Frage der Schüler zugeteilt bekommen hat. Sowohl eine Ja-Antwort als auch eine Nein-Antwort erlauben ihm deshalb keinen Rückschluss darauf, ob der Schüler geschummelt hat oder nicht. Es kann in beiden Fällen beides sein. Der Lehrer tappt im Dunkeln. Und der Schüler weiß, dass der Lehrer im Dunkeln tappt. Deshalb hat der Schüler keinen Grund, bei der Antwort zu lügen.

Ein gutes Omen schon mal. Aber das war der leichte Teil. Und der wäre also geschafft. Das Pendant zur geheimen Wahl: die geheime Beantwortung. Für den Fragenden ist nicht mehr klar, auf welche der beiden konträren Fragen er eine Antwort bekommen hat. Und der Befragte weiß das. Die beste Voraussetzung für ehrliches Antworten also.

Nehmen wir deshalb an, die Antworten sind ehrlich. Und zwar auf was immer die tatsächlichen Fragen waren, auf die sie gegeben wurden.

Jetzt kommt der schwere Teil: Kann man denn aus den Antworten überhaupt etwas erschließen?

Ja, kann man. Aber zugegeben: Es ist total überraschend und deshalb ziemlich faszinierend, dass aus dieser Art von Antworten überhaupt irgendetwas Nützliches herausgeholt werden kann. Doch es geht. Allein wie?

Wir werden gleich sehen, wie die Verrauschung durch den Zufall wieder abgestreift werden kann. Dazu müssen wir etwas konkreter an die Sache herangehen. Bitte mitdenken!

Angenommen, n Schüler werden befragt und x davon antworten mit *Ja* sowie entsprechend $n - x$ mit *Nein*. Wie gesagt, der Lehrer und auch wir wissen nicht, für jeweils welche Fragen das die Antworten sind. Oder anders ausgedrückt: Bei einigen Schülern bezieht sich das Ja oder Nein auf die Frage A, bei anderen auf die Frage B. Das behalten wir im Hinterkopf.

Und die Zahl x fassen wir als Wert einer Zufallsgröße X auf. Ein Baumdiagramm zeigt uns übersichtlich, was los ist.

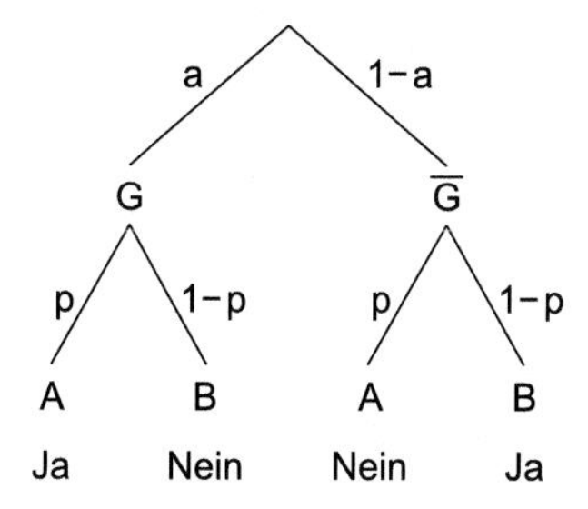

Jetzt wird es noch einen Tick konkreter. Sei a der Anteil von Schülern, die geschummelt haben, und w die Wahrscheinlichkeit für eine Ja-Antwort.

Und wir können loslegen mit der aufrichtigen Wahrheitssuche.

Aus dem Baumdiagramm lässt sich leicht eine Gleichung mit w, a und p aufstellen:

$$w = p \cdot a + (1 - p) \cdot (1 - a)$$

Das ist unser Basislager für alles Weitere.

Den Lehrer interessiert das a in dieser Gleichung. Durch Umstellen kommt er ganz ohne Klimmzüge zu einer Formel für diesen Anteil a:

$$a = \frac{w + p - 1}{2p - 1}.$$

Darin ist *p* bekannt. Das ist schon mal gut.

Doch *w* ist unbekannt. Das ist nicht so gut.

Aber auch nicht weiter schlimm. Denn die Wahrscheinlichkeit *w* einer Ja-Antwort kann gut geschätzt werden. Nämlich durch den Anteil x/n aller Ja-Antworten. Und siehe, Folgendes passiert: Wir setzen $w = x/n$ in die letzte Formel ein und erhalten als Schätzung für den unbekannten Anteil *a* den Schätzwert

$$\hat{a} = \frac{\frac{x}{n} + p - 1}{2p - 1}.$$

Oben wurde schon erwähnt, dass *x* der Wert einer Zufallsgröße *X* ist. Das ist eine Zufallsgröße mit einer einfachen Verteilung. Es ist die Binomialverteilung mit den Parametern *n* und *w*, also mit Erwartungswert

$$E(X) = n \cdot w$$

und Varianz

$$var(X) = n \cdot w \cdot (1 - w).$$

Diese Info bringt's. Nämlich uns wieder ein Stück weiter. Denn auch X/n ist eine Zufallsgröße, und ihr Erwartungswert lässt sich mühelos aus dem von *X* ausrechnen:

$$
\begin{aligned}
E\left(\frac{X}{n}\right) &= \frac{1}{n} \cdot E(X) = \frac{1}{n} \cdot n \cdot w = w \\
&= p \cdot a + (1-p) \cdot (1-a) \\
&= a \cdot (2p-1) + 1 - p.
\end{aligned}
$$

Ähnlich gut läuft's mit der Varianz:

$$
var\left(\frac{X}{n}\right) = \frac{1}{n^2} \cdot n \cdot w \cdot (1-w) = \frac{w \cdot (1-w)}{n}.
$$

Und das Ziel erscheint am Horizont. Es ist die frohe Botschaft, dass die Zufallsgröße $\hat{a}$ den Erwartungswert

$$
E(\hat{a}) = \frac{E(X/n) + p - 1}{2p-1} = a
$$

hat. Und wahrlich, da kommt Freude auf, weil der Schätzer $\hat{a}$ den unbekannten Wert a tendenzfrei schätzt: Im Schnitt wird der Anteil a weder überschätzt noch unterschätzt, sondern gerade richtig getroffen. Solche Schätzer heißen *unverfälscht*.

Es ist gut, bei einem Schätzer die Unverfälschtheit als Eigenschaft zu haben. Wichtig ist aber auch die Varianz des Schätzers, also seine Streuung um den Anteil a. Wenn die nämlich groß ist, dann sieht es trotz Unverfälschtheit nicht so gut aus mit der Schätzung.

Bezüglich Varianz ist Folgendes zu vermelden:

$$\begin{aligned} var(\hat{a}) &= var\left(\frac{X}{n(2p-1)}\right) = \frac{1}{(2p-1)^2} \cdot var\left(\frac{X}{n}\right) \\ &= \frac{1}{(2p-1)^2} \cdot \frac{w \cdot (1-w)}{n} \\ &= \frac{[a \cdot (2p-1) + 1 - p] \cdot [p - a \cdot (2p-1)]}{n \cdot (2p-1)^2} \\ &= \frac{a \cdot (1-a)}{n} + \frac{p \cdot (1-p)}{n \cdot (2p-1)^2}. \end{aligned}$$

Das Ergebnis ist lehrreich: Die Varianz setzt sich als Summe aus zwei Teilen zusammen. Der erste Teil ist gleich der Varianz des Schätzers bei direkter Befragung. Alternativ kann man sich diesen Teil als die Situation mit $p = 1$ vorstellen. Dann verschwindet der zweite Summand vollständig.

Demnach kann dieser zweite Summand gesehen werden als der Preis, den wir für die Zufallsbeigabe zu den Antworten bezahlen müssen. Dieser Summand wird wegen des Faktors n im Nenner umso kleiner, je mehr Leute befragt werden.

Jetzt ist es an der Zeit, explizit ein paar Zahlen in die Hand zu nehmen.

Angenommen, es sind 30 Schüler in der Klasse. Jeder Schüler beantwortet die Frage A, falls er beim Würfeln eine 5 oder 6 wirft. Also ist $p = 2/6$ und $1 - p = 4/6$. Nachdem der Staub sich gelegt hat, habe der Lehrer 18 Ja-Antworten und 12 Nein-Antworten erhalten. Diese Zahlen führen auf den Wert

$$\hat{a} = \frac{18/30 + 2/6 - 1}{2(2/6) - 1} = 0,2.$$

Die beste Schätzung für den Prozentsatz der Schüler, die geschummelt haben, beträgt 20 Prozent.

Dass die Größenordnung derart hoch ist, hätte Klassenlehrer Zwonimir nicht gedacht. Er lässt es sich eine Lehre sein und zieht seine Konsequenzen. Bei der nächsten Mathearbeit, einen Monat später, sieht es im Klassenzimmer so aus:

Bleiben wir noch einen Moment bei dem kleinen Datensatz vom Schummeln. Um die Streuung auch noch abzuschätzen, ersetzen wir in der Formel für die Varianz das unbekannte a durch den gerade eben berechneten Schätzwert $\hat{a} = 0,2$.

Für die Varianz kommen wir dann zu dem Wert

$$\frac{0,2 \cdot 0,8}{30} + \frac{2/6 \cdot 4/6}{30 \cdot 4/36} = 0,0053 + 0,0666 = 0,072.$$

Leicht erkennbar ist der zweite Summand der Varianz mehr als zwölfmal so groß wie der erste. Das ist happig. Aber das ist der Preis, der für eine Anonymisierung der Antworten zu zahlen war. Die dadurch hergestellte Verlässlichkeit der Antworten verursacht also, dass die Varianz stark ansteigt. Die garantierte Unverfälschtheit des Schätzers geht auf Kosten einer Explosion der Streuung.

Man muss es klar sagen: Eine große Varianz ist natürlich auch schlecht.

Unsere Reaktion darauf? Wir könnten das einfach so hinnehmen. Als unerfreuliche Nebenwirkung.

Aber, hey, als Mathemacher macht man das gerade nicht: so leicht aufgeben!

Was sonst?

Weiterdenken natürlich!

Wir könnten versuchen, die Varianz zu verkleinern. Zum Beispiel durch anders gestellte Fragen an die Schüler.

Kann man durch besser aufeinander abgestimmte Fragen einerseits Unverfälschtheit garantieren und andererseits die Streuung reduzieren? Wenn das ginge, dann wäre das klasse.

Und tatsächlich, es geht, und zwar so: Wieder wird vom befragten Schüler ein Zufallsexperiment durchgeführt, dessen Ausgang vom Lehrer nicht eingesehen werden kann.

Mit Wahrscheinlichkeit p ergeht an den Schüler die Aufforderung A, mit Wahrscheinlichkeit $1 - p$ die Aufforderung B:

- Aufforderung A: Bitte antworte mit Ja auf die Frage „Hast du bei der Mathearbeit geschummelt?“, egal, ob du es getan hast oder nicht.
- Aufforderung B: Bitte antworte wahrheitsgemäß auf die Frage „Hast du bei der Mathe-Arbeit geschummelt?“.

Wieder hilft es weiter, ein Baumdiagramm als Erkenntnistool einzuschalten.

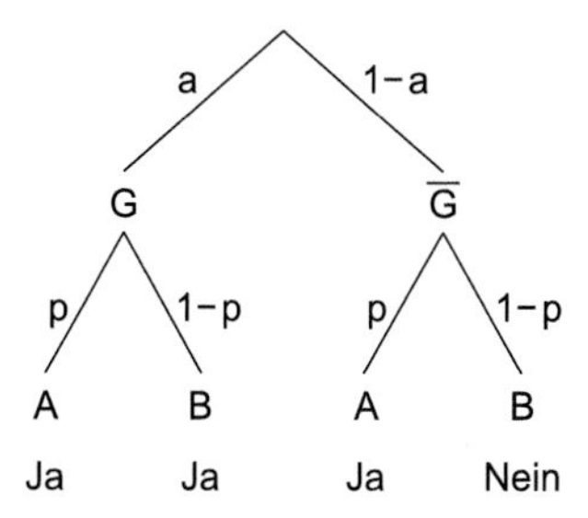

Wir wissen bereits, wie man von einem Baumdiagramm zu einer Gleichung kommt. Schreiben wir wieder w für die Wahrscheinlichkeit einer Ja-Antwort, a für den Anteil der Schummler und X für die Anzahl der Ja-Sager in der Klasse.

Vom Baumdiagramm ist es nur ein kleiner Schritt zur Gleichung

$$w = a(1 - p) + p.$$

Sie führt durch Umstellen auf

$$a = \frac{w - p}{1 - p}.$$

Auch hier wird das unbekannte w durch den Anteil $w \approx X/n$ geschätzt. Für a führt das zum Schätzer

$$\hat{a} = \frac{X/n - p}{1 - p}.$$

Auch dieser Schätzer ist unverfälscht. Seine Varianz beträgt

$$var(\hat{a}) = \frac{a \cdot (1 - a)}{n} + \frac{p \cdot (1 - a)}{n \cdot (1 - p)}.$$

Jetzt fehlt nur noch ein Zahlenbeispiel: am besten für dieselbe Klasse von $n = 30$ Schülern und mit $p = 2/6$. Bei $X = 14$ Ja-Antworten landen wir wieder bei $\hat{a} = 0,2$. Das ist derselbe Wert wie zuvor. Sehr gut.

Die Formel für die Varianz mit a ersetzt durch $\hat{a}$ liefert:

$$\begin{aligned} var(\hat{a}) &= \frac{0,2 \cdot 0,8}{30} + \frac{(1 - 0,2) \cdot 2/6}{30 \cdot 4/6} \\ &= 0,0053 + 0,0133 = 0,0186. \end{aligned}$$

Ein Vergleich mit dem früheren Ergebnis zeigt Erstaunliches: Die Varianz ist um den Faktor 1/4 kleiner als beim ersten Verfahren.

Das ist ein sehr großer Fortschritt. Dieses Frage-Antwort-Spiel ist ganz klar das bessere von beiden. Es liefert Schätzwerte mit viel kleinerer Varianz.

Kann man damit zufrieden sein?

Klar könnte man das. Bei nicht zu hohen Ansprüchen.

Doch wir sind nun mal anspruchsvoll. Und deshalb ist uns das Erreichte noch nicht genug. Wir wollen mit unserer Untersuchung noch einen Schritt weitergehen. Noch an einer weiteren Unmöglichkeit rütteln.

Die Methode der Zufallsantworten ist ja schön und gut. Sie hat Anonymität hergestellt. Und zwar derart, dass die Antworten individuell nicht mehr den Fragen zugeordnet werden können. Und selbst dann noch konnte der Pool der Antworten sinnvoll analysiert werden.

Anonymität ist eine Wahrheitsfindungserleichterung. Man hofft, dass deshalb bei den Antworten nicht mehr gelogen wird. Es kann aber vorkommen, dass einige Befragte trotzdem noch lügen.

Ja, es ist vorstellbar, dass einige Querschläger (auch hier Männlein und Weiblein) die ganze Umfrage zu falschen Ergebnissen führen wollen.

Oder dass sie mit einem gelogenen Nein auf die Aufforderung A in jedem Fall auf der richtigen Seite sein wollen. Skeptiker halt, die dem Braten nicht trauen. Sie wollen mit dem heiklen Verhalten überhaupt nicht, auch nicht mit einer Restwahrscheinlichkeit, in Beziehung gebracht werden.

Das ist blöd. Denn eine größere Zahl dieser Falsch-negativ-Lügner würde die Unverfälschtheit unserer Strategie und damit die Güte überhaupt total zerstören. Es scheint aber hoffnungslos, sich auch noch gegen diese Art von Quertreibern unter den Datenverseuchern zu wappnen.

Scheint es, oder ist es?

Nun, es scheint nur so.

Die Mathematik gibt nicht klein bei und lässt uns nicht im Stich. Vielmehr hat sie das Potenzial, wie so oft, auch hier das schier Hoffnungslose möglich zu machen. Also die Ärmel hochgekrempelt und nochmals hinein in die kognitive Kampfzone.

Dorthin, wo wir trotz Inkognitobefragung auch noch mit eventuellen Lügenbolden rechnen und abrechnen.

Dann haben wir es mit drei Gruppen zu tun: Da sind erstens die lügenden Schummler. Jene Schüler, die bei der Klassenarbeit geschummelt haben und die bei der Befragung *nicht* mit der Wahrheit rausrücken. Trotz Anonymität.

Werden die Lügenbolde aufgefordert, mit Ja zu antworten, sagen sie Nein; werden sie aufgefordert, mit der Wahrheit zu antworten, kommt auch ein gelogenes Nein. Kurz gesagt, sie sagen bei beiden Aufforderungen Nein. Ihr Anteil ist l.

Als zweite Gruppe gibt es die nicht lügenden Schummler, die bei Anonymität zu ihrem Schummeln stehen. Sie haben zwar geschummelt. Aber weil das wegen Verzufallung nicht rauskommen kann, sagen sie Ja bei beiden Aufforderungen. Ihr Anteil ist t.

Zusätzlich zu diesen beiden Gruppen gibt es noch die ehrlichen Schüler. Sie haben nicht geschummelt und sich auch bei der Befragung in allen Fällen ehrlich verhalten: Einmal ehrlich, immer ehrlich. Ihr Anteil ist $1 - l - t$.

Auch diese Gemengelage gibt's visuell als Baumdiagramm:

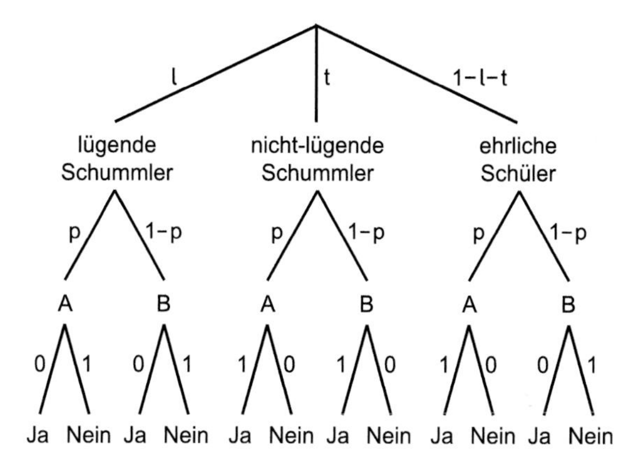

Und daraus kochen wir wieder eine Gleichung für die Wahrscheinlichkeit w einer Ja-Antwort:

$$w = t + (1 - l - t) \cdot p_i.$$

Wie gehabt schätzen wir w durch X/n, den Anteil der Ja-Sager.

So entstünde aus einer Umfrage über ein Baumdiagramm eine Gleichung. Aber da stecken diesmal zwei Unbekannte drin: t und l. Wir benötigen also, um beide Unbekannten zu berechnen, zwei verschiedene Umfragen mit zwei verschiedenen Werten p_i. Nennen wir die p_1 und p_2. Erst dann haben wir alles, was wir brauchen: zwei Gleichungen für zwei Unbekannte.

Das Gesuchte a lässt sich als Summe der Unbekannten darstellen:

$$a = t + l.$$

In den beiden Umfragen treten die Anzahlen X_1 beziehungsweise X_2 der Ja-Sager auf.

Wird all das bedacht, ist man angekommen bei

$$\frac{X_1}{n} = t + (1 - l - t) \cdot p_1,$$

$$\frac{X_2}{n} = t + (1 - l - t) \cdot p_2.$$

Diese Gleichungen müssen für t und l gelöst werden.

Eigentlich benötigen wir statt t und l separat nur deren Summe $t + l$. Der Weg dahin ist kürzer.

Wir subtrahieren die zweite Gleichung von der ersten und dividieren durch $(p_1 - p_2)$. Dann sind wir bei

$$\frac{X_1 - X_2}{n(p_1 - p_2)} = 1 - l - t.$$

Und das war's schon. Denn jetzt können wir uns über die Beziehung

$$a = t + l = 1 - \frac{X_1 - X_2}{n(p_1 - p_2)}$$

freuen, und das Hauptziel ist erreicht.

Ist man darüber hinaus noch intessiert am Anteil $1 - l$ der nicht lügenden Schüler, multipliziere man die erste Gleichung mit p_2 und die zweite Gleichung mit p_1. Das liefert:

$$\frac{p_2 \cdot X_1}{n} = t \cdot p_2 + (1 - l - t) \cdot p_1 p_2$$

$$\frac{p_1 \cdot X_2}{n} = t \cdot p_1 + (1 - l - t) \cdot p_1 p_2.$$

An dieser Stelle sind nur noch zwei mathematische Streicheleinheiten nötig: Subtraktion der zweiten Gleichung von der ersten und Division durch $(p_2 - p_1)$ ergibt

$$t = \frac{p_2 X_1 - p_1 X_2}{n(p_2 - p_1)},$$

und dann kommt

$$1 - l = 1 - a + t.$$

Das war's. Applaus, wenn möglich.

Okay, vielleicht fehlt noch ein griffiges Beispiel. Auch das soll nicht fehlen:

$$n = 30,\ p_1 = \frac{2}{6},\ p_2 = \frac{4}{6}.$$

Sagen wir, die beiden Umfragen ergeben für die Zufallsgrößen die Werte

$$X_1 = 11,\ X_2 = 19.$$

Damit kommen wir zu $a = 0{,}2$ und $1 - l = 0{,}9$.

Genau besehen ist es eine ziemlich klasse Sache, die da passiert ist. Fassen wir sie kurz zusammen: Man befragt Menschen über ein sehr heikles Thema. Man muss mit vielen falschen Antworten rechnen, weil es manchen Menschen peinlich ist, ehrlich zu antworten. Dann gibt man zu den Antworten einen Schuss Zufall hinzu. Die Antworten werden verschlüsselt, durch Unkalkulierbares.

Durch die Verschlüsselung können die Menschen mit ihren Antworten anonym bleiben. Wer anonym bleiben kann, lügt seltener. Anonym heißt hier: Der Fragende weiß nicht mehr, was eine bestimmte Antwort bedeutet. Und nicht nur das, er weiß nicht einmal, ob die Antwort wahr ist oder gelogen. Trotz Anonymität muss noch mit weiteren Falschantwortern gerechnet werden.

So entsteht eine ziemlich chaotische Mischung von Dichtung und Wahrheit. Wahre und falsche Antworten auf Fragen und deren Gegenteil.

Wenn man das so hört, grenzt es an ein Wunder, dass aus einer solch verwirrenden Informationslage überhaupt noch etwas Vernünftiges herausgeholt werden kann.

Aber es geht. Mit mathematischer Schlauheit kann am Ende die Zufallsverschlüsselung wieder rückgängig gemacht werden, und die Lügenbolde können von den Wahrsagern getrennt werden. Die Anteile der verschiedenen Gruppen können errechnet werden.

Welcher Schüler zu welcher Gruppe gehört, weiß man aber auch nach der mathematischen Analyse natürlich nicht. Und das ist gut so. Denn Anonymität soll gewahrt bleiben. Und sie bleibt gewahrt.

Wo sind die Adjektive, die das beschreiben? Fantastisch trifft es ganz gut, meine ich. Ja, es ist eine fantastische Methode der „Wahrsagerei".

So viel zur Statistik des Lügens und was man zur Wahrheitsfindung unternehmen kann.

Und wenn ihr noch nicht genug habt von diesem Thema und mehr Material braucht für einen geistigen Gummitwist, könnt ihr dieses Kapitel ausklingen lassen mit meiner Steigerung des Lügner-Paradoxons.

Dessen einfache 08/15-Variante liegt schon dann vor, wenn ein Mann sagt: „Alle Männer sind Lügner."

Ich könnte zum Beispiel der Mann sein, der solches sagt. Und dann füge ich noch hinzu: „Der einzige Unterschied ist, dass einige es zugeben. Ich gebe es nicht zu."

Alles klar?

10

A one, a two, a one, two, three: Zufallszählung

Vermittelt, wie man unmöglich zählbare Dinge doch zählen kann. Und dass einem dabei der Zufall hilft

Die schlichte Aktivität des Zählens geht in der Geschichte der Menschheit irrsinnig weit zurück. Gezählt wurde schon sehr früh: die Anzahl der Tage zwischen zwei Vollmonden, die Anzahl der Jahre von der Thronbesteigung eines Herrschers bis zu seinem Tod, die Anzahl der Parzellen eines Bauern und vieles mehr. Vielleicht gibt es heutzutage nichts, das noch nicht gezählt wurde.

Und da Zählen mit Zahlen zu tun hat, hat es auch etwas mit Mathematik zu tun. Mit ziemlich einfacher Mathematik scheinbar. Zählen bedeutet mathematisch ja nichts anderes als immer wieder die Zahl 1 hinzuzuaddieren. Was könnte deshalb anspruchsloser sein, als etwas abzuzählen. Denkt ihr vielleicht gerade, oder?

Aber Obacht! Das stimmt so nicht.

C.H. Hesse, *Warum deine Freunde mehr Freunde haben als du*, DOI 10.1007/978-3-662-53130-3_10

Dass Zählen ziemlich diffizil sein kann, liegt manchmal schon daran, dass das, was gezählt werden soll, nicht fix und fertig zählbereit zutage liegt. Manche Dinge sind deshalb extrem schwer abzuzählen. Oder eben scheinbar unmöglich.

Wenn das, was zahlenmäßig an und in den Dingen steckt, unmöglich numerisch zu ermitteln ist, kann man sich oft noch mit zufallsgesteuerter Datenanalyse aus dem Sumpf der Unmöglichkeiten herausziehen. Und so das scheinbar Unmögliche möglich machen.

Ein Beispiel zeigt das besser als viele Worte: Familie K hat einen Schrebergarten draußen im Grünen. Auf dem abgezäunten Terrain befindet sich auch ein Teich. Und in dem Teich tummeln sich wunderschöne Koi-Karpfen. Herr K möchte gerne wissen, wie viele Karpfen momentan dort im Teich sind. Denn er füttert die kulinarisch leicht verwöhnten Tiere mit aus Japan importiertem Spezialtrockenfutter und will ungefähr abschätzen, wie viel Edelfutter er pro Tag zugeben muss.

Herr K hat keine Idee, wie er das herauskriegen kann. Hätte er viel Geduld, könnte er natürlich die Fische mit einem Köcher herausfischen. Aber der Teich hat Untiefen und bietet den Fischen viel Platz, sich zu verstecken. Selbst wenn Herr K meint, alle gefangen zu haben, halten sich sicher noch viele Fische irgendwo versteckt. Das Abfischen wird unvollständig und die Abzählung deshalb ungenau sein. Und außerdem ist es ein Wahnsinnsaufwand.

Ein so großer Aufwand, dass er nach einer anderen Idee sucht. Eine andere Idee hat Herr K aber nicht. Deshalb fragt er seine Tochter K-Tharina. Sie betreut in der Schule eine Statistik-AG und ist ziemlich fit, wenn's um Daten, ihre Analyse und deren Interpretation geht.

Und wirklich: Auch für dieses Problem hat sie eine elegante Finte im Ideen-Köcher: „Wir werden jetzt einige Fische mit einem Köcher herausfischen. Lassen wir mal offen, wie viele es sind, und nennen die Zahl einfach n. Wir fangen halt so viele, wie wir leicht kriegen können. Wir markieren alle mit einem kleinen Farbpunkt, der irgendwann von alleine wieder verschwindet, aber erst mal nützlich ist für uns. Dann werfen wir die markierten Fische wieder in den Teich zurück."

„Und was soll das Ganze?", fragt Herr K seine Tochter. „Ich hab keinen blassen Schimmer, was du damit vorhast."

„Okay, Daddy, ich gebe dir einen Tipp", sagt K-Tharina: „Morgen kommen wir wieder und fangen noch mal ein paar Fische. Das ist der Tipp. Bringt er dir was?"

„Ah, verstehe", sagt Herr K, „und übermorgen willst du dann auch noch mal welche fangen. Und alle werden immer markiert und zurückgeworfen. Und du hoffst, dass irgendwann alle markiert sind. Und du rechnest jeweils mit, wie viele du markiert hast? Richtig?"

„Oh Gott, nein", sagt K-Tharina. „Das dauert viel zu lang. Ist langatmig und langweilig. Und auch wieder sehr ungenau, weil wir damit nicht alle Fische in der Zählung haben werden."

„Aber was hast du dann vor, K-Tharina?"

„Ich erklär's dir. Sagen wir mal, nachdem wir heute n Fische gefangen, markiert und zurückgeworfen haben, fangen wir morgen insgesamt M Fische. Und jetzt kommt die Idee: Wir zählen morgen ab, wie viele von den gefangenen M Fischen markiert sind. Denn morgen sind ja auch die heute markierten Fische mit im Teich. Und mit den so geschaffenen Fakten können wir ziemlich gut kombinieren."

Gedacht, gesagt, getan. Vater und Tochter fangen $n = 44$ Fische, markieren sie und werfen sie zurück. Einen Tag später fangen sie $M = 26$ Fische, von denen $m = 8$ markiert sind. Die Zahl der Fische im Teich sei N.

So weit erst mal K-Tharina und ihr Vater, im Dialog und in Aktion.

Die nächste Frage geht an uns alle: Was kann man mit diesen Informationen anfangen? Ist es etwa möglich, daraus die Gesamtzahl der Fische zu berechnen?

Man spürt intuitiv: Nicht nur die Zahlen selbst sind wichtig, sondern auch, wie sie zustande kamen. Die gestaffelten Stichproben und die Markierungen. Was machen wir damit und wie?

Seid ihr vielleicht schon drauf gekommen?

Der entscheidende Geistesblitz ist dieser: Die Art und Weise, wie aus dem Teich Fische gefangen und dann am nächsten Tag nochmals gefangen wurden, erlaubt die Annahme, dass der erste und der zweite Fang jeweils unabhängige Zufallsstichproben aus dem gesamten Schwarm der Fische im Teich sind.

Auch kann die Größe der Grundgesamtheit als unverändert angenommen werden, denn Fische kommen im Teich weder so schnell hinzu, noch verspeisen sie sich gegenseitig. Jedenfalls nicht im Fischteich. In freier Wildbahn ist das selbstverständlich anders.

Für den zweiten Fang bedeuten diese Annahmen: Jeder Fisch, ob markiert oder unmarkiert, hat dieselbe Wahrscheinlichkeit, gefangen zu werden. Die Wahrscheinlichkeit kann natürlich ziemlich klein sein. Das ist sie dann, wenn sich sehr viele Fische im Teich tummeln.

Oder sie kann größer sein, wenn nur wenige Fische drin sind. Doch egal, ob sie klein oder mittel oder groß ist, jedenfalls kann die Fangwahrscheinlichkeit für alle Fische als gleich angenommen werden. Das ist realistisch.

Insofern ist auch der zweite Fang repräsentativ für die Gesamtpopulation der Fische im Teich. Speziell ist er repräsentativ für die Anzahl der markierten Fische im Teich. Das bedeutet: Im Schnitt ist der Anteil markierter Fische in der zweiten Stichprobe gleich dem Anteil markierter Fische im Teich.

Das ist eine unglaublich nützliche Erkenntnis. Der zentrale Einblick hier. Mit ihm zeigt uns die anfangs unmotiviert und vertrackt wirkende Methode der Datenerhebung ihre Schokoladenseite.

Von Fall zu Fall ist mal der eine Anteil, mal der andere Anteil ein bisschen kleiner oder größer, doch im Durchschnitt sind beide Anteile gleich groß. Damit ist ihre Gleichsetzung gerechtfertigt:

$$\frac{m}{M} = \frac{n}{N}.$$

Die Auflösung der Gleichung nach dem unbekannten N ist ein Kinderspiel:

$$N = \frac{n \cdot M}{m}.$$

Mit den Zahlen von oben führt das zum Schätzwert

$$N = \frac{44 \cdot 26}{8} = 143.$$

So ähnlich, wie ich es euch gerade erklärt habe, hat auch K-Tharina ihrem Vater die Datendeutung verklickert und dasselbe Ergebnis erhalten. Damit haben wir eine unabhängige Bestätigung vom super Mathe-Girl, dass wir richtig überlegt und richtig gerechnet haben.

„Hat dich das überzeugt, Daddy?", fragt K-Tharina ihren Vater am Ende. „Du kannst mit ungefähr 143 Karpfen in deinem Teich rechnen."

„Ja, absolut. Ich hatte ein Aha-Erlebnis. Und 143 kommt als Anzahl auch ungefähr hin. Ich hatte mit ungefähr 150 Karpfen gerechnet. Jetzt hast du mir das bestätigt. Du bist ganz schön schlau, Töchterchen. Aber kein Wunder, bei dem Vater“ (lacht).

Das war’s denn auch schon mit diesem Kapitel. Ohne Schlussoffensive ist damit jetzt einfach Schluss. Allein der Zeichner kommt noch zu Wort – oder besser: darf noch die Ideallinie suchen.

11

Überraschendes über unmögliche Überraschungen

Erzählt, dass ein Überraschungseffekt gleichzeitig unlogisch sein und trotzdem auftreten kann. Und wie man damit die ganze Mathematik ins Wanken bringt

In diesem Kapitel gehen wir mit offenem Visier gleich in die logische Gemetzelzone eines ziemlich zähen Paradoxons. Ein Paradoxon, das es in sich hat. So knifflig ist es, dass man davon fast Denkakne kriegen könnte. Wenn Lügner Lügner Lügner nennen, ist das im Vergleich dazu nur ein einfacher Hirnverzwirner fürs Kleinhirn.

Los geht's. Beginnen wir mit einer Beschreibung des Paradoxons im Kontext einer Klassenarbeit.

Wenn's um Klassenarbeiten geht, geht's natürlich um Schule. Und genau da sind wir jetzt auch. In Little Ks Klasse 9b. Jeden Vormittag, montags bis freitags, steht eine Stunde Bio auf dem Programm.

Eines Tages, als er mal wieder stinksauer auf die 9b ist, sagt der Biolehrer, Dr. Leo Pard, zu seinen Schülern:

C.H. Hesse, *Warum deine Freunde mehr Freunde haben als du*, DOI 10.1007/978-3-662-53130-3_11

„Nächste Woche werden wir eine Klassenarbeit schreiben. Der Tag, an dem sie stattfindet, wird für euch vollkommen überraschend sein. Auf beides könnt ihr euch 100-prozentig verlassen."

In der Pause sprechen die Schüler über das, was der Lehrer vorher fast wie ein Sektenführer verkündet hat.

Little K meint, die Arbeit kann unmöglich am Freitag, dem letzten Schultag der Woche, geschrieben werden. Dann wüsste es die Klasse am Donnerstag nach der Biostunde schon. Damit wäre der Überraschungseffekt im Eimer.

Montag	Dienstag	Mittwoch	Donnerstag	Freitag
18	19	20	21	22
Juni	Juni	Juni	Juni	Juni

Aber wenn der Freitag als Termin für die Arbeit wegfällt, dann muss sie am Montag, Dienstag, Mittwoch oder Donnerstag stattfinden. Doch der Donnerstag fällt auch weg. Die Klasse wüsste dann nämlich schon Mittwochnachmittag, dass da am nächsten Tag was kommt. Da der Freitag ja schon gestrichen werden konnte.

Damit sind jetzt Donnerstag und Freitag ausgeschlossen. Dasselbe Argument kann man so lange anwenden, bis auch der Dienstag ausgeschlossen ist. Dann aber bleibt nur der Montag. Die Klassenarbeit kann aber auch nicht am Montag stattfinden, weil sie auch dann wieder keine Überraschungsarbeit wäre, weil Dienstag bis Freitag logisch ausgeschlossen sind.

Deshalb kann die Arbeit an keinem Tag der Woche als Überraschung stattfinden, wie es der Lehrer klipp und klar gesagt hatte.

Ist ja cool, denken die Schüler. Aus der Info des Biolehrers folgt zwingend, dass wir gar keine überraschende Klassenarbeit in der nächsten Woche schreiben können.

Große Freude all around. Keiner bereitet sich auf die Arbeit vor.

Als der Biounterricht dann aber in der nächsten Woche am Dienstag beginnt und der Lehrer die Hefte für die Klassenarbeit austeilt, sind die Schüler vollkommen überrascht. So überrascht, wie es der Lehrer ihnen vorhergesagt hat.

Wie passt das alles zusammen? Die Schüler hatten sich doch logisch bewiesen, dass es während der ganzen Woche gar keine Überraschungsarbeit geben kann. Wegen logischer Unmöglichkeit. Und doch gab es am Dienstag eine Arbeit. Und sie kam für alle vollkommen überraschend.

Sind logische Nicht-Möglichkeit und praktische Doch-Möglichkeit etwa miteinander vereinbar?

Praktisch und theoretisch wäre das ja wohl ein Super-GAU von Ratio und Vernunft, wie wir sie kennen.

Irgendwas muss hier wohl mit der Logik schiefgelaufen sein. Die lang bewährte, lieb gewonnene Logik benimmt sich selbst plötzlich unlogisch und verstandeswidrig. Man denkt, man hat es mit einer Paradoxiotie zu tun, einer abstrusen Kreuzung aus Paradoxie und Idiotie. Wenn die Logik politisch wäre, wäre das ein Verstoß gegen jede UN-Resolution des Denkens, wenn es die gäbe.

Die ganze Chose ist jedenfalls ziemlich unübersichtlich. Ihr seid ihm soeben begegnet: dem Paradoxon von der unmöglich möglichen Überraschungsklassenarbeit.

Es ist ein mächtiger Testfall für die Vernunft: Wenn an diesem Beispiel nicht die ganze Logik zerbrechen soll, muss es eine Stelle geben, an der ein versteckter Denkfehler liegt, aber wo könnte diese Stelle verborgen sein?

Der Überraschungseffekt konnte logisch einwandfrei wegdiskutiert werden. Aber die Klassenarbeit kam trotzdem total überraschend. Das passt vorn und hinten nicht zusammen.

Über diesen Crash der Logik gab es unter Mathematikern, Philosophen und Menschen mit gesundem wie auch mit ungesundem Menschenverstand ziemlich viel Hickhack. Man könnte auch sagen: mordsmäßig Zoff.

Einige meinen, die Logik sei erledigt. Mit ihr ginge auch die Mathematik den Bach runter. Ganzheitlich. Und die

Mathematiker könne man wahlweise in die Wüste schicken, arbeitslos melden, frühverrenten oder zu Philosophen umschulen.

Andere meinen, eine Möglichkeit müsse existieren, das Denkdickicht zu durchdringen und das Paradoxon aufzulösen. Aber auch über die Art der Auflösung des Paradoxons gehen die Meinungen auseinander. Reichlich weit auseinander sogar.

Überrascht uns das?

Nein!

Denn immerhin haben wir es mit einer intellektuell sehr prekären Angelegenheit zu tun. Gerade das macht die Paradoxie zu der blitzblanken Attraktion des Denkens, die sie ist.

Eins ist aber sonnenklar: Was die Schüler sich überlegt haben, das bringt's nicht. Denn das Überraschende an der Klassenarbeit, das sie sich schrittweise wegüberlegt hatten, traf sie mit doppelter Härte am Dienstag dann doch. Nach und nach alle Tage als Möglichkeiten für die Klassenarbeit auszuschließen, genau das ging in die Hose. So sind die Fakten.

Aber warum? Warum kann man die Sache argumentativ so nicht anpacken, wie die Schüler sie angepackt haben? Wo tritt der kognitive Kurzschluss auf? Eigentlich hört sich ja jeder einzelne Schritt ziemlich schlüssig an.

Hat jemand eine Idee? Habt ihr eine Idee?

Okay, dann machen wir uns an die Auflösung. Das Überraschungsparadoxon wird mit einem mathematischen Überraschungsangriff in die Knie gezwungen. Überraschung im Kampf gegen Überraschung. So wie man auch aus Lärm mit zusätzlichem Lärm gegensätzlicher Frequenz Stille erzeugen kann.

Wir knöpfen uns antrittsschnell gleich am Anfang die Aussage des Lehrers vor. Ich zeige euch wie: Der Kurzschluss kommt dadurch ins Spiel, dass die Argumentationskette auf dem Statement des Lehrers aufbaut. Die Schlussfolgerungen der Schüler sind im Einzelnen und jede für sich allesamt richtig. Aber die ganze Argumentationskette ist nur dann gültig, wenn auch die zweiteilige Aussage des Lehrers, auf der sie ja aufbaut, gültig ist.

Wie ihr seht, sind wir dabei, uns langsam voranzutasten. Und wir tasten munter weiter: Wenn die Aussage des Lehrers aber wahr wäre, kann eine logisch gültige Kette von Schlussfolgerungen der Schüler, ausgehend von einer wahren Aussage, nicht irgendwo in einen Widerspruch münden. Doch da die gültigen Schlussfolgerungen der Schüler aber genau das tun – in einen Widerspruch münden –, kann der Ausgangspunkt nicht logisch gültig gewesen sein.

Jetzt kommt das Finale: Der Ausgangspunkt aber war die Aussage des Lehrers. Die Aussage des Lehrers und die gültigen Schlussfolgerungen der Schüler aus dieser Aussage stehen in logischem Widerspruch zueinander. Sie beißen sich logisch. Da die Argumentation der Schüler logisch aber völlig okay ist, muss der entstandene Widerspruch durch die Aussage des Lehrers erzeugt worden sein. Sie kann nicht wahr sein. Sie muss falsch sein.

Das ist die Erklärung, warum auch das Ergebnis der an sich gültigen Schlusskette der Schüler letzten Endes nicht richtig ist.

Ergebnis also: Nicht alle Wochentage können für die Überraschungsklassenarbeit ausgeschlossen werden. Nur der Freitag.

Das Beispiel zeigt, wie die Wahrheit einer Aussage bei unsachgemäßer Anwendung der Logik entgleist.

Machen wir noch einen weiteren Anlauf. Und gehen dazu nochmals einen Schritt zurück: Das Statement des Lehrers ist also falsch. Das ist jetzt gesichert. Mit wenig Aufwand hätte der Lehrer seine Aussage aber wahr machen können. Er hätte seine Ankündigung mit einem kleinen Zufallsanteil ausstatten und sagen können: „Nächste Woche werdet ihr eine Arbeit schreiben. Und der Tag der Arbeit wird mit 99-prozentiger Wahrscheinlichkeit für euch überraschend kommen."

Um es ganz eindeutig zu machen: „Überraschend" soll dabei bedeuten, dass man den Tag, an dem die Arbeit stattfindet, am Tag vorher oder früher nicht schon mit 100-prozentiger Sicherheit gekannt haben kann.

Hört sich kompliziert an. Besonders die Umsetzung der Aussage: Wie kann der Lehrer seine Aussage umsetzen und einen 99-prozentigen Überraschungseffekt erzeugen?

Er kann zum Beispiel ein Glücksrad drehen, das mit Wahrscheinlichkeit 1/100 in den Sektor für „Freitag" fällt und für die übrigen Tage „Montag", „Dienstag", „Mittwoch" und „Donnerstag" vier gleich große Sektoren hat. Und er teilt den Schülern dies mit.

Am Wochenende vorher dreht der Lehrer am Glücksrad und lässt die Klassenarbeit dann am entsprechenden Tag stattfinden. Findet sie Montag bis Donnerstag statt, wird sie für die Schüler vollkommen überraschend kommen. Nur falls sie Freitag stattfindet, werden die Schüler dies am Donnerstag nach Schulschluss bereits wissen. Dann wird die Arbeit keine Überraschung mehr sein. Dieser Nicht-Überraschungsfall tritt aber nur mit Wahrscheinlichkeit 1/100 ein.

Im Prinzip kann der Lehrer die Wahrscheinlichkeit des Nicht-Überraschungsfalls beliebig klein machen. Kleiner als jede noch so kleine positive Zahl. Das aber bedeutet, er kann sie beliebig nahe an 0 legen. Gleich 0 machen kann er sie aber nicht.

Mit der eingebauten Zufallsbeimischung verschwindet der logische Widerspruch. Und bei jedem extrem kleinen Wahrscheinlichkeitswert für den Freitag ist die Aussage des Lehrers seiner ursprünglichen Aussage extrem ähnlich.

Aber jetzt, mit etwas Zufall angereichert, ist das Lehrerstatement widerspruchsfrei. Und die Schüler können den Überraschungseffekt nicht mehr logisch wegschlussfolgern.

Weil nämlich kein Tag mit Sicherheit ausgeschlossen werden kann und das schrittweise Zurückschließen-Können deshalb entfällt.

So viel zum logischen Paradoxon der überraschenden Klassenarbeit und wie man es logisch bekämpfen und letztlich logisch entwirren und so besiegen kann. Alles in allem ist es ein hübsches Lernpaket.

Das war das, was ich euch in diesem Kapitel sagen wollte. Jetzt verlassen wir Lehrer, Schule und Klassenarbeiten erst mal, nicht aber, ohne noch erwähnt zu haben, dass die Schule uns fit machen soll fürs Erwachsenendasein. Wir Lernen fürs Leben des Lebens. Dazu ein Bild, das einen nachdenklich machen kann.

12

Zufallstrick für faule Zauberer

Studiert, wie wilde Zufallsgemische zwingend zahm werden. Und wie du damit zum Mühelos-Magier wirst

Jetzt wird die Bühne bereitet für ein Wiedersehen mit Frau K und ihrer Tochter. Frau K hat viele Interessen. Neben ihrer Tennisleidenschaft geht sie öfter mal auf einen Esoteriktrip, irgendwo im Outback der Vernunft.

Diesmal besucht sie mit K-Tharina eine New-Age-Messe, bei der allerlei Aussteller für alles Mögliche werben, von Aura-Soma bis hin zu Zen in der Kunst des Kaffeesatzlesens. Für K-Tharina ist das nur ein Riesenrummel- und -tummelplatz der Ignoranz. Frau K aber interessiert sich dafür, speziell für Wahrsagerei.

C.H. Hesse, *Warum deine Freunde mehr Freunde haben als du*, DOI 10.1007/978-3-662-53130-3_12

Mit einem kleinen Stand vertreten sind auch zwei *Bibeltreue Urchristen*. Die beiden glauben, den ultimativen Gottesbeweis gefunden zu haben. An ihrem Stand hängt ein großes Schild mit der Aufschrift: *Alles endet bei Gott!*

Klar, muss so sein, denkt K-Tharina. Wer sich *Bibeltreu* nennt, glaubt wohl absolut sicher auch an Gott. Frau K dagegen ist neugierig. Sie lässt sich von einem der beiden Getreuen den Gottesbeweis erklären.

Er sagt: „Lasset uns einmal die ersten drei Verse aus der Schöpfungsgeschichte der Bibel ansehen. Sie lauten:

- 1. Vers: Im Anfang schuf Gott den Himmel und die Erde.

- 2. Vers: Und die Erde war öde und leer; und Finsternis lag über dem Angesicht der Welt. Und der Geist Gottes schwebte über den Wassern.
- 3. Vers: Und Gott sprach: ‚Es werde Licht!' Und es ward Licht.

Seien Sie so gut, gnädige Frau, und wählen ein ganz beliebiges Wort aus dem ersten Vers. Zählen Sie dann bitte, wie viele Buchstaben dieses Wort hat. Rücken Sie als Nächstes vom gewählten Wort an um genauso viele Worte vor, wie Sie soeben Buchstaben gezählet haben. Dann gelangen Sie zu einem anderen Wort. Mit diesem Wort machen Sie wiederum dasselbe: Sie zählen seine Buchstaben und rücken um so viele Worte vor, wie Sie Buchstaben gezählet haben. Und so gehet es weiter, bis Sie damit zum ersten Male die Zeile mit dem dritten Vers erreichet haben.

Da steckt viel Zufall, Zufall, Zufall drin. Wisset aber: Ich kann Ihnen trotzdem sagen, bei welchem Wort des dritten Verses ihre Zählung enden wird. Es ist das Wort *Gott*. Ganz gleich, welches Wort des ersten Verses Sie gewählet haben, Sie kommen immer beim Wort *Gott* im dritten Vers an. Sehet nun ein, dass darin eine versteckte Botschaft des Allmächtigen an uns Menschen stecket. Alles endet bei Gott. Kehret um. Beschreitet den Weg des Glaubens!"

„Schon irgendwie überzeugend?", sagt Frau K. „Gibt mir doch sehr zu denken, dass man immer bei Gott endet. Ist vielleicht tatsächlich ein versteckter Hinweis von einer höheren Macht. Was meinst du dazu, K-Tharina?"

K-Tharina: „Heidenei, hör mir bloß auf damit. Ich finde es null überzeugend. Ist nur ein Taschenspielertrick. Eine Art Zaubertrick für faule Zauberer. Diese

Zufallsmarschroute, die immer an derselben Stelle endet, kenne ich. In der Statistik nennt man dieses zufällige Auswählen und wiederholte Abzählen die Kruskal-Zählung. Benannt ist sie nach dem Mathematiker Martin Kruskal."

„Kannst du mir das genauer erklären?", fragt Frau K.

„Ja, natürlich. Auf den ersten Blick ist die Kruskal-Zählung wirklich ein verworrener Zufallslauf durch den Text, der überall aufhören kann. Aber das ist nur auf den ersten Blick so. Überlegt man genauer, stellt sich heraus, dass die Zufallssprünge von Wort zu Wort immer an derselben Stelle enden müssen. Und wenn an dieser Stelle dann gerade das Wort *Gott* steht, dann endet eben alles bei Gott.

Du kannst es auch so verstehen: Angenommen, man bildet nicht eine, sondern zwei Wortketten, die bei irgendwelchen verschiedenen Startworten anfangen. Ist die Anzahl der Wörter im Text viel größer als die Zahl der Buchstaben im längsten Wort, dann ist die Wahrscheinlichkeit sehr groß, dass die beiden Wortketten irgendwo aufeinandertreffen. Nach diesem Treffpunkt sind die weiteren Verläufe beider Wortketten aber vollkommen identisch und enden demnach auch bei demselben Wort."

„Das verstehe ich nur ungefähr. Kannst du es mir noch etwas einfacher erklären?", bittet Frau K ihre Tochter.

„Okay", sagt K-Tharina, „du hast es läuten gehört, aber weißt nicht, wo die Glocken hängen. Ich erkläre es dir noch mal mit einem anderen Beispiel. Hier ist das 52-Blatt Kartenspiel, das wir eben am Stand der Tarot-Weissagerin bekommen haben.

Bitte nimm es und mische es gut. Dann lege die 52 Karten in einer Reihe nebeneinander aus. Jetzt darfst du dir eine

Geheimkarte ausgucken unter den ersten zehn Karten von links. Aber sag mir nicht, welche. Als Nächstes bestimmst du den Wert deiner Geheimkarte: Ein Ass soll den Wert 1 haben, ein Bube den Wert 2, Dame gleich 3, König ist 4, und alle anderen Karten haben jeweils ihren Zahlenwert.

Von deiner Geheimkarte gehe nun gedanklich um so viele Karten nach rechts weiter, wie es ihr Wert angibt. Ist deine Geheimkarte zum Beispiel ein Ass, dann kommst du so zur nächsten Karte. Ist es ein Bube, dann gehst du zur übernächsten Karte usw. Die Karte, die du so erreichst, ist deine nächste Geheimkarte.

Mit ihr wiederholt sich das Ganze: Du stellst ihren Wert fest und gehst die entsprechende Anzahl von Karten nach rechts weiter, was dann wieder die nächste Geheimkarte ergibt, und immer weiter, bis das Deck erschöpft ist. So funktioniert das mit der Kruskal-Zählung.

Die letzte Geheimkarte merke dir. Ich kann vorhersagen, welche das sein wird, obwohl du mir keine deiner Geheimkarten zeigst. Wollen wir es ausprobieren?"

Mutter K ist sofort dabei. Sie wählt die erste Karte zufällig aus, macht die Kruskal-Zählung und sagt irgendwann: „Okay, ich habe meine letzte Geheimkarte ausgezählt. Jetzt bin ich gespannt, ob du weißt, welche das ist."

K-Tharina: „Glaubst du denn, dass ich's schaffe?"

Frau K: „Ehrlich gesagt: nein. Einige Talente magst du wohl vor mir geheim gehalten haben, meine Liebe, aber ich bezweifle, dass Hellsehen eines davon ist."

Und Frau K fährt fort: „Das müsstest du aber hier können, denn in dieser ganzen Kruskal-Numerologie steckt so viel Zufälligkeit, dass du die letzte Geheimkarte auch nur durch Zufall richtig erraten kannst. Die Wahrscheinlichkeit dafür ist aber sehr gering. Denn ich habe ja meine erste Geheimkarte willkürlich ausgesucht.

Und dann setzt der Zufallsvorgang des Abzählens ein, der irgendwo endet. Nämlich irgendwo in Abhängigkeit von den unterwegs auftretenden Geheimkarten, die aber auch alle zufällig sind, weil die erste Geheimkarte zufällig gewählt war. Wir haben es also mit gesteigerter Zufälligkeit zu tun. Wie gefällt dir meine Argumentation?"

K-Tharina: „Das sage ich dir später. Aber erst sage ich dir, dass deine letzte Geheimkarte die Herz 7 ist. Einen Tusch, wenn ich bitten darf!"

Frau K: „Mein Gott, das stimmt. Es ist die Herz 7. Ich hätte nie gedacht, dass du das schaffst. Aber wie hast du's gemacht? Meine ganze Denkweise von eben muss wohl ziemlich falsch gewesen sein, oder?"

K-Tharina: „Recht hast du. Deine ganze Denke war ziemlich neben der Spur. Und ich sage dir auch, warum. Ich habe nämlich einfach unter den ersten zehn Karten auch meine eigene Geheimkarte gewählt, und während du *deine* Kruskal-Zählung gemacht hast, habe ich unbemerkt auch *meine* Zählung gemacht, angefangen mit meiner eigenen ersten Geheimkarte. Meine letzte Geheimkarte habe ich dir dann genannt. Die Herz 7. Es ist nicht nur meine, sondern auch deine letzte Geheimkarte."

Noch will der Denkmotor von K-Tharinas Mutter nicht so recht anspringen: „Aber warum? Wie kann das sein? An so vielen Stellen war doch so viel Zufall im Spiel. Es ist ein chaotisches Zufallsgemisch. Wie ist es möglich, dass wir beide dieselbe letzte Geheimkarte haben?"

K-Tharina: „Ja, mit dem Zufall hast du recht. Aber wenn sich die beiden Abfolgen unserer Geheimkarten, deine Serie und meine Serie, irgendwann irgendwo treffen, dann sind sie nach dem Treffpunkt vollkommen gleich. Deshalb sind auch unsere letzten Geheimkarten gleich."

Und damit hat K-Tharina wieder mal den Nagel auf den Kopf getroffen.

Hören wir uns noch die genaue mathematische Erklärung an, die sie ihrer Mutter gibt: „Das Verblüffende ist, dass sich mit großer Wahrscheinlichkeit die beiden

Serien von Geheimkarten tatsächlich irgendwo treffen. Das können wir uns so überlegen: Wenn ich mal annehme, dass wir beide unter den ersten 10 Karten keine Präferenzen haben, dann habe ich mit Wahrscheinlichkeit 1/10 dieselbe erste Geheimkarte gewählt wie du, und mit Wahrscheinlichkeit 9/10 ist meine Karte eine andere.

Wegen $(1 + 2 + 3 + \ldots + 10)/10 = 5,5$ ist deine Geheimkarte im Schnitt die 5,5-te Karte. Zählst du wie vorgegeben Ass = 1, Bube = 2, Dame = 3 usw., dann kommt deine nächste Geheimzahl im Durchschnitt nach der Schrittzahl

$$(1 + 2 + 3 + \ldots + 10 + 2 + 3 + 4)/13 = 4,92.$$

Die Dichte deiner Geheimkarten ist also im Durchschnitt der Kehrwert $1/4,92 = 0,203$. Eine rein zufällig gewählte Karte ist also mit dieser Wahrscheinlichkeit eine deiner Geheimkarten. Dieselben Rechnungen gelten auch für mich.

Wie viele Geheimkarten werden wir bis zum Ende des Decks abzählen? Ganz einfach, jeder von uns wird im Schnitt $(52 - 5,5)/4,92 = 9,45$ Geheimkarten abzählen. Und eine beliebige meiner $9,45$ Geheimkarten nach der ersten ist mit der obigen Wahrscheinlichkeit $0,203$ eine deiner Geheimkarten, und mit der Gegenwahrscheinlichkeit von $1 - 0,203 = 0,797$ ist das nicht der Fall. Alle meine Geheimkarten einschließlich der ersten sind von deinen Geheimkarten verschieden mit der Wahrscheinlichkeit

$$\frac{9}{10} \cdot 0,797^{9,45} = 0,11.$$

Damit treffe ich bei meiner Abzählung irgendwann auf irgendeine deiner Geheimkarten und damit auch auf deine letzte mit der Gegenwahrscheinlichkeit von $1 - 0,11 = 0,89 = 89\,\%$. Mit dieser Wahrscheinlichkeit funktioniert meine Wahrsagerei.

Du musst zugeben, Mother, Wahrscheinlichkeitsrechnung ist schon ein extrem cooles Tool mit unbegrenzten Anwendungen. Sie ist heute ein Boomfaktor in allen Wissensgebieten. Du solltest dir unbedingt ein bisschen was davon zu Gemüte führen."

Frau K: „Werde ich machen K-Tharina. Jetzt verstehe ich es auch und bin einen deutlichen Deut gescheiter. Die Kalkulation mit den Wahrscheinlichkeiten hat's gebracht: meine Anagnorisis."

K-Tharina: „Wie bitte? Ist das jetzt auch wieder so ein Stück von deiner esoterischen Kopf-Kacke?"

Krau K: „Nein, überhaupt nicht. Das ist eigentlich ein Begriff aus der Tragödientheorie von Aristoteles. Aber der passt hier sehr gut. Anagnorisis ist der Moment, wenn Unwissenheit schlagartig in Erkenntnis umschlägt. Bei diesem Thema war das für mich ziemlich schwer. Aber irgendwann hat's doch Klick gemacht. Die Kruskal-Zählung zu verstehen, heißt, fürs eigene Karma zu sorgen. So sehe ich das jedenfalls."

K-Tharina rollt die Augen. Was sie an diesem Tag auf dem New-Age-Jahrmarkt übrigens noch des Öfteren tun sollte. Wir dagegen klinken uns von ihrer Irrationalitätssafari durch den Aura-Soma-Dschungel jetzt aus.

Stattdessen gibt's noch etwas Bonusmaterial fürs Arbeitshirn: Wird die Kruskal-Zählung sehr oft mit einer

Simulation durchspielt, erkennt man, dass die exakte Wahrscheinlichkeit für eine richtige Vorhersage der Geheimkarte rund 86 Prozent ist. Unsere mit groben Überlegungen berechnete Näherung von oben ist also gar nicht so grob wie gedacht.

Puh, geschafft!

Und das ist der abgerundetste, stimmigste, ja schlüssigste Schluss, den ich nach den Anstrengungen dieses Kapitels noch aufbieten konnte.

13

Das ärgerliche Miteinander von theoretischem Glück und praktischem Pech

Verrät, wie eine Glücksspielstrategie gleichzeitig todsicher gut und saumäßig schlecht sein kann. Und was das mit dem legendären Liebhaber Casanova zu tun hat

Auch in diesem Kapitel geht es um Frau K. Stand der Dinge momentan: Mit ihrer Freundin Klara Fall besucht Frau K eine Ausstellung. Welche? Es ist eine Ausstellung mit dem Titel *Von Spiel und Liebesspiel.* Eine bunte Mischung aus extrem alten und ultramodernen Kunstwerken wird bestaunt.

C.H. Hesse, *Warum deine Freunde mehr Freunde haben als du*, DOI 10.1007/978-3-662-53130-3_13

Klara Fall und Frau K nehmen an einer Führung durch die Ausstellung teil. Die Museumsführerin erklärt: „Auf diesem Bild sehen wir den legendären Frauenliebhaber Giacomo Casanova. Was viele nicht wissen, ist, dass er nicht nur bei den Frauen das Risiko liebte, sondern auch im Casino am Roulettetisch."

Kurze Unterbrechung des Autors, bitte.

Niemand hat die Absicht ... Stopp!

Sätze, die so anfangen, habe ich in schlechter Erinnerung, wie mir gerade, als ich den Satz aufs Papier gebracht habe, bewusst wird. Also streichen wir den und fangen den Einschub noch mal neu an:

Ich will hier nicht ... zum Glücksspiel aufrufen oder den Eindruck erwecken, dass ich Glücksspiele als spitzenmäßige

Art und Weise empfinde, seine Zeit zu verbringen. Im Gegenteil.

Aber sich mathematisch damit zu beschäftigen, ist eine ganz eigene Erlebniswelt, und höllisch interessant. Denn die Welt der Spiele und Glücksspiele ist gespickt mit vielen kontraintuitiven Tatsachen. Auch entsprang die Wahrscheinlichkeitstheorie aus der mathematischen Beschäftigung mit Glücksspielen. Das war's, was ich kurz loswerden wollte. Sorry für diese Unterbrechung.

Was war denn nun mit Casanova?

„Im Jahr 1753", fährt nun die Museumsführerin fort, „als Casanova in Venedig lebte, verlor er einmal in einer einzigen Nacht 5000 Goldstücke beim Glücksspiel Faro. Ein Vermögen. Kurz darauf erschwindelte er das ganze Hab und Gut an Diamanten von einer seiner Liebhaberinnen, einer Nonne, die in seinen Memoiren nur als M. M. bezeichnet wird. Auch das verspielte er postwendend am Roulettetisch.

Die Nonne M. M., die ihren Schmuck eigentlich dafür vorgesehen hatte, das Kloster zu verlassen, um mit Casanova ein neues Leben anzufangen, musste wegen Casanovas Totalverlust ihre Pläne knicken, einen Abgang aus dem Orden zu machen.

Casanova verlor auch deshalb so viel Geld am Roulettetisch, weil er dachte, ein todsicheres Spielsystem gefunden zu haben. Lange Zeit spielte er damit an diversen Szene-Hotspots. Seine Überlegungen enthielten aber einen subtilen Denkfehler, den er nicht sah.

Sein Spielsystem ist heute nach ihm benannt und heißt *Martingale de Casanova*. Es besteht aus einem Plan mit schnell steigenden Einsätzen. Der Plan beginnt damit, den kleinsten Einsatz von, sagen wir, einem Goldstück zum Beispiel auf *Rot* zu setzen.

Gewinnt man, hat man ein Goldstück dazugewonnen, und man setzt wieder ein Goldstück auf *Rot*. Anders läuft's, wenn man verliert. Dann nämlich verdoppelt man jeweils seinen Einsatz. Und zwar nach jedem Verlust. Zuerst auf 2, dann auf 4 oder nötigenfalls auf 8, 16 oder noch mehr Goldstücke. Je nachdem, wie lange das Pech anhält.

Gewinnt man irgendwann auch mal wieder, dann sind zwar erst mal zum Beispiel $1 + 2 + 4 + 8 = 15$ Goldstücke in den Sand gesetzt, aber der Gewinn von 16 Goldstücken in der letzten Runde sorgt dafür, dass nicht nur alle hochgeschaukelten Verluste auf einen Rutsch getilgt werden, sondern noch ein Plus von einem Goldstück bleibt.

So ist es immer, wenn irgendwann *Rot* kommt, sagen wir zuerst in der $(n + 1)$-ten Runde. Dann hat man zwar n-mal hintereinander zunehmend üppig verloren und steht kräftig in den Miesen. Aber der Gewinn von 2^n Goldstücken in der nächsten Runde wiegt alles wieder auf. Dieser Gewinn ist nämlich immer um gerade ein Goldstück größer als der angehäufte Verlust.

Weil Casanova immer auf *Rot* setzte, und *Rot* früher oder später kommen musste, sah er dieses Verdopplungssystem als Gelddruckmaschine an. Trotzdem verlor er damit fast das ganze Vermögen von M. M. Sein Spieltrieb wuchs sich zu einer gigantischen Geldvernichtungssause aus.

Casanovas Leben und Treiben war eine rasante Achterbahnfahrt: Unglaublich viel Glück in der Liebe, doch pechschwarzes Pech im Spiel. Das Leben ist halt kein Connie-Buch."

So weit die Museumsführerin mit ihren ausschweifenden Ausführungen.

Frau K schaut ihre Freundin Klara Fall fragend an und meint: „Die Museumsfrau ist ja in bester Laberlaune. Nur zum Spielsystem hätte sie noch etwas mehr sagen können, finde ich. Auch für mich sieht es nämlich so aus, als wenn das Casanova-Casino-System todsicher ist. Wo steckt denn der Webfehler im System, bitte schön? Siehst du das, Klara?"

Klara meint: „Ja, ich glaube, ich weiß es. Lass uns gemeinsam darüber nachdenken. Das mit dem Gewinnen und Verlieren ist nun mal eine Frage von Wahrscheinlichkeiten. In Spielbanken gibt es an jedem Roulettetisch einen Mindesteinsatz und einen Höchsteinsatz.

Du kannst nicht beliebig oft deinen Einsatz verdoppeln, selbst wenn du mit dem Mindesteinsatz anfängst. Ist die Durststrecke der Verluste zu lang, musst du irgendwann deine Verdopplungsmethode einpacken, weil der Höchsteinsatz überschritten würde."

Klara hat recht. Das genau ist der Knackpunkt. Hören wir ihr noch ein wenig zu:

„Angenommen", der Mindesteinsatz ist 1 Goldstück und der Höchsteinsatz 1024 Goldstücke. Hast du eine richtige Pechsträhne, sackt die Spielbank alle deine Einsätze ein, nämlich 1, 2, 4, 8, 16, 32, 64, 128, 256, 512 und 1024 Goldstücke.

So sieht's aus, wenn du elfmal hintereinander verloren und zehnmal hintereinander immer wieder verdoppelt hast. Dafür brauchst du ziemlich gute Nerven. Denn die Verluste schaukeln sich schnell hoch. Verlierst du auch dieses letzte Spiel um 1024 Goldstücke noch, dann kannst du nicht mehr verdoppeln, und dein System ist im Eimer. Du bist am Ende der Fahnenstange angekommen und sitzt auf einem Berg von Verlusten. Verdoppeln geht also höchstens zehnmal.

Eine solche Pechsträhne ist schweißtreibend, weil deine Einsätze schnell in die Höhe schießen und weil am Ende alles versandet, was du hast. Sie kommt aber zum Glück nur selten vor.

„Aber wie oft kommt so etwas vor, und wie viel kostet mich das dann?“, fragt K-Tharina.

„Um das Verdopplungssystem einzuschätzen, müssen wir wie immer etwas rechnen: Der Anfangseinsatz ist 1 Goldstück. Nach n Verlusten hintereinander ist dein Einsatz im $(n+1)$-ten Spiel schon auf 2^n Goldstücke angewachsen. Nach den n Reinfällen hast du nur Verluste eingefahren, und zwar totalemente an Goldstücken

$$1+2+4+\ 2^3+\ 2^4+\ldots+\ 2^{n-1}.$$

Das ist ein ganzer Haufen Schotter.“

„Kannst du mir sagen, wie viel es genau ist, Klara?“

„Mal schaun. Unsere beste Kooperationspartnerin an dieser Stelle wäre die Formel für die Summe von Zweierpotenzen. Doch die habe ich gerade nicht parat. Es tut aber auch ein Taschenspielertrick. Er besteht darin, die Summe kess mit 1 zu multiplizieren, was zwar nichts ändert, aber doch was bringt, wenn diese Zahl als $1 = 2 - 1$ geschrieben wird.“

„Aber, was bringt das denn, Klara?“

„Ganz einfach: Man kann ausmultiplizieren und sehen, dass alle Summanden bis auf zwei wegfallen. Sieh mal:

$$\begin{aligned}&\left(1+2+4+2^3+\ 2^4\ +\ldots+\ 2^{n-1}\right)\cdot(2-1)\\&=2+4+8+\ldots+2^{n-1}\ +\ 2^n\\&\quad-\left(1+2+4+2^3+\ 2^4+\ldots+2^{n-1}\right)\ =\ 2^n-1.\end{aligned}$$

Einen Haufen von Potenzen aufräumen könnte man das nennen. Ganz hübsch, oder? Mathematik muss keine bittere Medizin sein."

„Klasse, Klara, wie du das völlig formelfrei nur mit einem kleinen Denkbrühwürfel hingekriegt hast."

„Danke. Das, was am Ende rauskommt, ist der Gesamtverlust nach n missglückten Spielen. Gewinnst du dann aber im $(n+1)$-ten Spiel, gibt's 2^n Goldstücke auf einen Schlag auf die Kralle. Und nach diesem Comeback sind alle Verluste ausgeglichen, und es bleibt ein Plus von einem Goldstück. Das ist einer dieser angenehmen und für jedes Spielerherz erfreulichen Zahlenzufälle. Der besteht übrigens für jedes n. Also bei 1024 Goldstücken Höchsteinsatz für alle n von 1 bis 10.

Wenn du höchstens zehnmal hintereinander eine Schlappe hast, bleibt alles im grünen Bereich. Der Glücksfall im nächsten Spiel mit dem hohen Einsatz radiert alle Verluste aus und bringt dich zurück ins Plus. Nicht wahnsinnig viel, sondern nur um ein einziges Goldstück. Aber immerhin. Denn damit ist alles wieder okay.

Unidyllisch wird's allerdings, wenn du elfmal hintereinander verlierst. Wenn *Rot* elfmal hintereinander nicht kommt.

Das ist der Super-GAU für jeden Verdopplungsspieler. Nach der Rechnung von oben muss er dann

$$1 + 2 + 4 + \ldots + 2^{10} = 2^{11} - 1 = 2047$$

Goldstücke abschreiben."

„Ist das denn real überhaupt möglich? Eine so lange Serie von elf Spielen ohne ein einziges *Rot*? Ohne irgendein Erfolgserlebnis? Das gibt's doch in der Wirklichkeit gar nicht, oder Klara?"

„Doch, doch, das kann schon vorkommen. Zum Glück für den Spieler aber nur sehr selten. Das Risiko für eine solche Pechsträhne ist ziemlich klein, aber nicht verschwindend klein und erst recht nicht gleich null."

„Wie kann diese Wahrscheinlichkeit denn ausgerechnet werden? Und wie groß bzw. klein ist sie genau?"

„Ermitteln lässt sich die Wahrscheinlichkeit durch einen Blick auf das Rouletterad. Und dann durch eine einfache einzeilige Kurzkalkulation auf Winkekätzchenniveau. Ein Rouletterad hat die Zahlen 0, 1, 2, …, 36. Von diesen 37 Zahlen sind 18 *Rot*, 18 *Schwarz* und eine Zahl ist *Grün*, die 0. Alle diese Zahlen sind gleich wahrscheinlich. Die Wahrscheinlichkeit, dass *Schwarz* oder *Grün* kommt, liegt demnach für jede Runde bei 19/37. Die Wahrscheinlichkeit, dass in 11 Runden nie *Rot* kommt, ergibt sich daraus als

$$\left(\frac{19}{37}\right)^{11} = 0{,}00065 = 0{,}065\,\%.$$

Das ist wirklich nur eine winzige Wahrscheinlichkeit, aber wenn dieser Ernstfall eintritt, muss man einen ganzen Berg von Goldstücken als Verlust verkraften."

„Nach dem, was du gesagt hast, Klara", erwidert jetzt Frau K, „gewinnt man bei Casanovas Spielsystem entweder höchstwahrscheinlich 1 Goldstück oder verliert mit sehr kleiner Wahrscheinlichkeit 2047 Goldstücke. Aber wie ist es denn langfristig? Überwiegt die Gewinnerwartung oder die Verlusterwartung?"

Klara Fall kann auch diese Frage beantworten:

„Ja, das ist eine wichtige Frage. Davon hängt ab, ob du auf lange Sicht eher gewinnst oder verlierst. Ohne großen Kraftaufwand können wir den langfristigen Erwartungswert berechnen. Er ist das mit den zugehörigen Wahrscheinlichkeiten gewichtete Mittel von Gewinn und Verlust:

$$(1 - 0,00065) \cdot (+1) + 0,00065 \cdot (-2047) = -0,3312.$$

Der Erwartungswert ist negativ. Langfristig überwiegen demnach die Verluste. Man muss damit rechnen, pro Spielserie im Schnitt ein Drittel Goldstück zu verlieren. Leider also auch bei diesem Spielsystem schlechte Nachrichten für den Spieler.

Übrigens: Gäbe es keine grüne 0 auf dem Rouletterad, wäre das Spiel fair. Die Wahrscheinlichkeit, dass in 11 Runden nie *Rot* kommt, wäre dann

$$\left(\frac{1}{2}\right)^{11}.$$

Mit dieser Wahrscheinlichkeit verlöre man $2^{11} - 1$ Goldstücke. Und mit der Gegenwahrscheinlichkeit von

$$1 - \left(\frac{1}{2}\right)^{11} = \frac{2^{11} - 1}{2^{11}}$$

gewänne man 1 Goldstück. Im Saldo ist das im Schnitt genau gleich 0. Also im Schnitt weder Gewinn noch Verlust. Erst die grüne 0 führt dazu, dass der Spieler in die Verlustzone gedrückt wird."

„Ich nehme mal an", sagt Frau K zu ihrer Freundin „dass das für jedes Glücksspiel und jedes mögliche Spielsystem gilt, denn sonst würde es den Spielbanken nicht so gut gehen. Man würde viel öfter hören, dass jemand die Bank gesprengt hat. Passiert zwar auch, aber wohl nur ab und an, oder?"

„Ja, das stimmt fast ausnahmslos", meint Klara. „Es gibt nur eine Ausnahme. Nur beim Glücksspiel *Black Jack* treten durch Zufall manchmal Situationen auf, die das Spiel für den Spieler günstig und für die Spielbank ungünstig machen. Dann ist die Gewinnerwartung des Spielers tatsächlich zeitweise positiv.

Um solche Situationen spieltechnisch auszunutzen, muss der Spieler aber ein fotografisches Gedächtnis haben und ziemlich genau wissen, wie viele Karten von welchem Typ schon ausgespielt worden sind. Und der Spieler muss auch noch die Wahrscheinlichkeiten der möglichen Kartenblätter für die im Spiel verbliebenen Karten schnell und genau berechnen können. Glücksspieler, die beides können, heißen im Casino-Slang *Card Counter.*"

„Muss cool sein, Card Counter zu sein", meint Frau K.

„Ja und nein", erwidert Klara. „Card Counter fallen in Spielbanken meistens auf, weil sie extrem konzentriert am *Black-Jack*-Tisch sitzen. Sie müssen sich ja sehr viele Karten merken und gleichzeitig komplizierte Kalkulationen im Kopf durchexerzieren.

Wenn sie dann auch noch gewinnen, wird's den Spielbankiers zu viel. Dann erteilen sie dem Card Counter gnadenlos Hausverbot. Künstlerpech!

Noch ein Wort zu *Black Jack*. Es ist ein besonderes Spiel. Die Spielsituation ändert sich fortlaufend, weil Karten das Deck verlassen. Vor jedem neuen Austeilen ist es gewissermaßen ein neues Spiel mit anderen Wahrscheinlichkeiten. Die hängen davon ab, welche Karten das Deck verlassen haben und welche nicht. Und je nachdem, welche das sind, kann die Gewinnerwartung für den Spieler auch mal positiv ausfallen.

Für andere Glücksspiele mit immer derselben Grundsituation vor jeder neuen Runde ist die Sache anders. Und leider ziemlich deprimierend. Ein mathematisches Theorem besagt nämlich, dass es kein Spielsystem gibt.

Damit ist gemeint, dass es keine funktionierende Strategie gibt, die zu einer positiven Gewinnerwartung für den Spieler führt. Es ist nicht möglich, ein Sortiment von einzelnen Wettoptionen, die alle jeweils eine negative Gewinnerwartung haben, durch eine noch so vertrackte oder ausgeklügelte Kombination der einzelnen Wetten zu einem Wettsystem mit positiver Gewinnerwartung zu machen. Nein, haut nicht hin!

Als Eintrag fürs Mathematiker-Poesiealbum können wir festhalten: Glücksspielen lohnt sich nicht!"

„Da hab ich aber Glück gehabt“, sagt Frau K, „denn zum Glück stehe ich eh nicht auf Glücksspiele.“

Danke ihr beiden!
Kurze Lernkontrolle gefällig?
Okay, dann lassen wir die.
Und gehen sofort auf die Pausenschaukel!

14

Der Nicht-Psychotest: Welcher Risikotyp bist du?

Erörtert, wann Kühnheit oder Vorsicht die bessere Strategie ist. Und wie dieses Wissen deine Gewinnchancen optimiert

Pausenschaukel Ende. Szenenwechsel.
Was hat eigentlich K-Tharina inzwischen gemacht? Sie ist am Wochenende zu ihrem Onkel Sergej Fährlich gefahren. Er ist ihr Lieblingsonkel. Weil er so anders ist als die anderen. Von Beruf ist er Stuntman in einem großen Filmstudio und springt für Schauspieler ein, wenn's denen zu gefährlich wird.

In gewisser Weise sind auch Mathematiker Stuntmen: Stuntmen fürs Komplizierte. Immer wenn's in irgendeiner Disziplin quantitativ sehr kompliziert wird, dauert es nicht lange, bis man nach einem Mathematiker ruft, um das Problem zu lösen. In solchen Situationen gibt's einfach keinen guten Ersatz für die Mathematik.

C.H. Hesse, *Warum deine Freunde mehr Freunde haben als du*, DOI 10.1007/978-3-662-53130-3_14

K-Tharinas Onkel fährt eine mächtige Harley und ist auch sonst ein urwüchsiger Haudegen mit schillerndem Lebenslauf. Schon zweimal hat er sich in einem Fass die Niagarafälle runterspülen lassen und ist ohne Sauerstoff in die Höhen des Himalaya geklettert. Aussehen tut er wie einer von den Hells Angels.

Heute steht für Sergej Fallschirmspringen auf dem Programm. Er hat K-Tharina zum Set des Films eingeladen, damit sie ihm bei einem seiner Sprünge zusehen kann. K-Tharina findet das toll. Sie war schon immer beeindruckt von seinem Mut. Sie sagt ihm das auch und fragt ihn, ob er den Nervenkitzel braucht, damit es ihm gut geht.

„Schon ein bisschen, aber so viel hat das, was ich mache, gar nicht mit Nervenkitzel zu tun. Soweit ich weiß, gilt das Zeug für den Flug als sicherstes Fortbewegungsmittel", meint Onkel Sergej verschmitzt.

K-Tharina: „Mit dem Fliegen im Flugzeug hast du recht. Was die Zahl der tödlichen Unfälle bei 100 Millionen Personenstunden angeht, ist Fliegen viel sicherer als Autofahren und selbst als Zufußgehen im Straßenverkehr.

Aber Fallschimspringen bedeutet ja nur teilweise, mit einem Flugzeug durch die Luft zu fliegen. Den wichtigeren Teil ist man ja ohne Flieger und ohne Netz und doppelten Boden unterwegs, allein an einem Fetzen Stoff hängend. Und da kommt das Risiko ins Spiel. Irgendjemand hat mal gesagt: Fallschirmspringen ist deshalb viel riskanter, als es sein müsste, weil immer auch ein Mensch mitspringen muss."

„Du bist ganz schön geistreich und lustig, K-Tharina. Aber trotzdem hatten wir hier bei einigen Tausend Sprüngen noch nie irgendeinen Unfall", erwidert der Onkel. „Und das reicht mir. So ganz unriskant und immer in Watte gehüllt will ich mein Leben nicht haben."

„Okay", sagt K-Tharina, „ich verstehe, dass du den Nervenkitzel liebst. Seit wann bist du denn so risikofreudig, wie du es heutzutage bist, Onkel Sergej? Wann fing das bei dir an?"

„Schwer zu sagen. Ich habe eigentlich schon immer gern wilde, verrückte Sachen gemacht. Bin mit meinem Motor-

Bike durch die Luft gesprungen, hab im Casino alles auf die 17 gesetzt und bin auf die höchsten Berge der Welt gestiefelt."

K-Tharina: „Wahnsinn! Ich bin beeindruckt. Du bist so ziemlich das genaue Gegenteil von meinem Vater, obwohl du sein Bruder bist. Daddy geht in seinem Leben kein größeres Risiko ein, als dass er sich mal einen Joghurt am Tag nach dem Verfallsdatum reinzieht. Mit jeder Zelle seines Körpers lebt er das Prinzip Auf-Nummer-sicher-Gehen. Aber, wenn ich ehrlich bin, finde ich das auch in Ordnung. Wenn mein Vater so wäre wie du, würde ich mir jeden Tag megamäßig Sorgen um ihn machen."

„Nicht jeder sollte ein Stuntman sein, K-Tharina. Auch wir brauchen eine Zielgruppe."

„Recht hast du. Und auch mich kannst du bei *Zielgruppe* und sogar bei *Fangruppe* dazuzählen.

Bevor ich's vergesse, Onkel Sergej. Ich hätte noch eine Bitte an dich. Würdest du mir mal für ein Viertelstündchen als Forschungsobjekt zur Verfügung stehen? Letzte Woche haben wir nämlich im Matheunterricht über Wahrscheinlichkeiten und Risikoforschung gesprochen. Wir haben sogar ein Institut an der Uni in unserer Stadt besucht."

Bevor K-Tharina wieder zu Wort kommt, hier noch ein Wort zur obigen Zeichnung. Die Wissenschaftler des Instituts haben eine Methode entwickelt, mit der sich Risikobereitschaft zahlenmäßig erfassen lässt. Man kann nämlich messen, wie risikofreudig ein Mensch ist, wenn man ihn bittet, zwischen einigen Alternativen abzuwägen und die ihm am besten entsprechende Alternative auszuwählen.

So weit mein Einschub.

K-Tharina: „Nehmen wir mal an, Onkel Sergej, ich biete dir zwei Möglichkeiten *A* und *B* an. Möglichkeit *A* besteht darin, dass du mit Wahrscheinlichkeit 1/10 den Betrag

200 Euro bekommst und mit Wahrscheinlichkeit 9/10 nur den Betrag 160 Euro.

Möglichkeit *B* besteht darin, dass du mit Wahrscheinlichkeit 1/10 immerhin 385 Euro bekommst und mit Wahrscheinlichkeit 9/10 nur 10 Euro. Bei der ersten Möglichkeit ist die Spanne zwischen beiden Beträgen nur 40 Euro, bei der zweiten ist sie fast zehnmal so groß.

Bei Möglichkeit *A* gewinnst du auf jeden Fall 160 Euro, aber nicht mehr als 200 Euro. Bei Alternative *B* gewinnst du höchstwahrscheinlich nur 10 Euro, aber wenn du mittelgroßes Glück hast, dann sind es 385 Euro. Wie würdest du dich entscheiden, Onkel Sergej? Die meisten Menschen entscheiden sich hier ohne mit der Wimper zu zucken für Möglichkeit *A*."

„Hm, lass mich mal überlegen. Ja, das würde ich definitiv auch so machen", meint der Onkel.

„Gut. Du hast das Prinzip verstanden. Jetzt ändern wir die Wahrscheinlichkeiten etwas. Und zwar Schritt für Schritt. Jede Zelle der nächsten Tabelle ist jeweils ein bisschen anders als die Zelle darüber. Schau dir bitte mal die Einträge an, Onkel Sergej."

K-Tharina zeigt ihrem Onkel ein Blatt mit dieser Tabelle:

Möglichkeit *A*	Möglichkeit *B*
200 Euro mit Wahrscheinlichkeit 1/10 160 Euro mit Wahrscheinlichkeit 9/10	385 Euro mit Wahrscheinlichkeit 1/10 10 Euro mit Wahrscheinlichkeit 9/10
200 Euro mit Wahrscheinlichkeit 2/10 160 Euro mit Wahrscheinlichkeit 8/10	385 Euro mit Wahrscheinlichkeit 2/10 10 Euro mit Wahrscheinlichkeit 8/10

(Fortsetzung)

Möglichkeit *A*	Möglichkeit *B*
200 Euro mit Wahrscheinlichkeit 3/10 160 Euro mit Wahrscheinlichkeit 7/10	385 Euro mit Wahrscheinlichkeit 3/10 10 Euro mit Wahrscheinlichkeit 7/10
200 Euro mit Wahrscheinlichkeit 4/10 160 Euro mit Wahrscheinlichkeit 6/10	385 Euro mit Wahrscheinlichkeit 4/10 10 Euro mit Wahrscheinlichkeit 6/10
200 Euro mit Wahrscheinlichkeit 5/10 160 Euro mit Wahrscheinlichkeit 5/10	385 Euro mit Wahrscheinlichkeit 5/10 10 Euro mit Wahrscheinlichkeit 5/10
200 Euro mit Wahrscheinlichkeit 6/10 160 Euro mit Wahrscheinlichkeit 4/10	385 Euro mit Wahrscheinlichkeit 6/10 10 Euro mit Wahrscheinlichkeit 4/10
200 Euro mit Wahrscheinlichkeit 7/10 160 Euro mit Wahrscheinlichkeit 3/10	385 Euro mit Wahrscheinlichkeit 7/10 10 Euro mit Wahrscheinlichkeit 3/10
200 Euro mit Wahrscheinlichkeit 8/10 160 Euro mit Wahrscheinlichkeit 2/10	385 Euro mit Wahrscheinlichkeit 8/10 10 Euro mit Wahrscheinlichkeit 2/10
200 Euro mit Wahrscheinlichkeit 9/10 160 Euro mit Wahrscheinlichkeit 1/10	385 Euro mit Wahrscheinlichkeit 9/10 10 Euro mit Wahrscheinlichkeit 1/10
200 Euro mit Wahrscheinlichkeit 10/10 160 Euro mit Wahrscheinlichkeit 0/10	385 Euro mit Wahrscheinlichkeit 10/10 10 Euro mit Wahrscheinlichkeit 0/10

In der letzten Zelle steht, dass man bei Möglichkeit *A* definitiv 200 Euro bekommt und bei Möglichkeit *B* definitiv 385 Euro. Man muss nicht überlegen, um bei dieser Wahlmöglichkeit die Möglichkeit *B* besser zu finden.

Geht man also von Anfang bis Ende der Tabelle Zelle für Zelle herunter, so wird schrittweise Möglichkeit *A* weniger attraktiv und Möglichkeit *B* ständig attraktiver, bis hin zur letzten Zelle, in der Möglichkeit *B* die eindeutig bessere Alternative ist. Irgendwo kippt also die Vorliebe für Möglichkeit *A* zu der für Möglichkeit *B*.

Aber wo ist dieser Umschlagspunkt? Das möchte K-Tharina nun genauer wissen: „Wo würdest du denn zu Möglichkeit *B* wechseln, Onkel Sergej?“, fragt sie.

Onkel Sergej, nachdem er die Tabelle inspiziert hat, antwortet: „Ich würde in Zelle 9 wechseln. Welche Schlüsse kannst du denn jetzt daraus über mich ziehen, K-Tharina?“

K-Tharina: „Wo ein Mensch wechselt, hängt von seiner Risikofreudigkeit ab. Wenn man in der Zelle mit den 50:50 Wahrscheinlichkeiten zum ersten Mal zu Möglichkeit *B* wechselt, dann ist man *risikoneutral.*“

Onkel Sergej: „Was meinst du denn mit risikoneutral überhaupt? Das Wort sagt mir gar nichts.“

K-Tharina: „Das ist ein wissenschaftlicher Begriff. Risikoneutral verhält man sich nach der wissenschaftlichen Definition dann, wenn man zwischen mehreren Möglichkeiten streng gemäß den durchschnittlichen Auszahlungen entscheidet. Und in der Zelle mit den 50:50 Wahrscheinlichkeiten ist die mittlere Auszahlung zum ersten Mal größer bei Möglichkeit *B*.

In der Zelle direkt davor ist die erwartete Auszahlung immer noch etwas günstiger für Möglichkeit *A*. Wenn mir die Spannweite der möglichen Auszahlungsbeträge egal ist und ich mich bei meiner Entscheidung allein von der erwarteten Auszahlung leiten lasse, dann ist das ein Zeichen von Risikoneutralität.

Ist man nicht risikoneutral, so ist man vom Naturell her entweder risikoscheu oder risikofreudig. Sollte jemand schon vor der 50:50-Zelle zu Möglichkeit *B* wechseln, dann ist er risikofreudig. Und je früher er es tut, desto risikofreudiger ist er.

Risikoscheue Menschen dagegen machen es gerade umgekehrt. Sie wählen auch dann noch die Möglichkeit *A* mit der geringeren Spannweite bei den Auszahlungen, wenn die mittlere Auszahlung bei Möglichkeit *B* eigentlich klar besser für sie wäre. Sie spekulieren nicht gerne auf irgendeinen großen, aber unwahrscheinlichen Gewinn. Sie nehmen lieber den Spatz in der Hand als die Taube auf dem Dach.

Und je weiter jemand über den 50:50-Punkt hinaus noch die Möglichkeit *A* beibehält, desto risikoscheuer ist er.

Du, Onkel Sergej, bist ja im Leben extrem risikofreudig. Das ist eindeutig. Aber was dein Risikoverhalten in Geldsachen angeht, bist du komischerweise risikoscheu. Und zwar auch wieder ganz extrem. Das hat deine Antwort eben gezeigt."

So weit haben wir der Unterhaltung zwischen K-Tharina und ihrem Onkel gelauscht. Jetzt wollen wir ein paar eigene Gedanken zum Thema „Risiko" anstellen. Und hier kommt einer vom Autor, von mir also Euer Verhalten verschiedenen Risiken gegenüber – finanziellen, gesundheitlichen, spielerischen … – ist eine wichtige Persönlichkeitseigenschaft, die man kennen sollte. Ein Risikotagebuch müsst ihr deshalb aber nicht anlegen. Sich des eigenen Risikotyps bewusst zu werden, kann allerdings nicht schaden.

K-Tharinas Onkel ist ein regelrechter Risiko-Zampano. In seinem Job strotzt er nur so vor Risikoeifer. Mit den da hineingesteckten Energien könnte er die Lichtorgel in einem mittelgroßen Discotempel betreiben.

Der Unterschied zwischen risikoscheu und risikofreudig ist ungefähr so wie zwischen vorsichtigem und mutigem Verhalten bei Glücksspielen. In bestimmten Situationen bei bestimmten Glücksspielen ist es vorteilhaft, mutig und kühn zu sein. Und in anderen Situationen ist es besser, behutsam und vorsichtig zu sein.

Um das einzusehen, stellen wir uns ein bewusst einfaches Setting vor. Es ist nicht viel mehr als eine gedankliche Hobby-Meditation: Ali hat 1 Euro, braucht aber dringend 5 Euro. So ist es halt manchmal im Leben. Ali schlägt deshalb Baba ein mehrrundiges Spiel vor: In jeder Runde will er einen bestimmten Betrag x seines Geldes einsetzen. Dann wird eine faire Münze geworfen, und bei *Kopf* bekommt er seinen Einsatz zurück und zusätzlich noch x Euro dazu. Baba hat auch Lust auf dieses Spiel.

Ali ist vom Typ her kühn und spielt auch eine kühne Strategie. Die kühnste Strategie, die es gibt: Er setzt immer so viel von seinem Geld ein, dass er seinem Ziel von 5 Euro möglichst nahe kommt.

Also wenn er 2 Euro besitzt, dann setzt er alles ein. Wenn er 3 Euro besitzt, dann setzt er 2 Euro ein, und so weiter. Ich glaube, ihr wisst, was ich meine.

Wir wollen versuchen, dieses Spiel zu verstehen. Was dabei alles passieren kann, soll durch ein Ablaufdiagramm dargestellt werden. Ali ist hauptsächlich daran interessiert, wie sich sein Geld entwickelt. Er hofft auf Geldvermehrung, ist ja klar.

Die umkreisten Zahlen im Diagramm beziffern sein aktuelles Kapital. Die Pfeile bezeichnen die möglichen Übergänge zwischen Alis Kapitalständen. Und die Wahrscheinlichkeiten an den Pfeilen sind 1/2 und bedeuten, mit welcher Wahrscheinlichkeit ein Übergang vom Ausgangszustand zum Endzustand stattfindet.

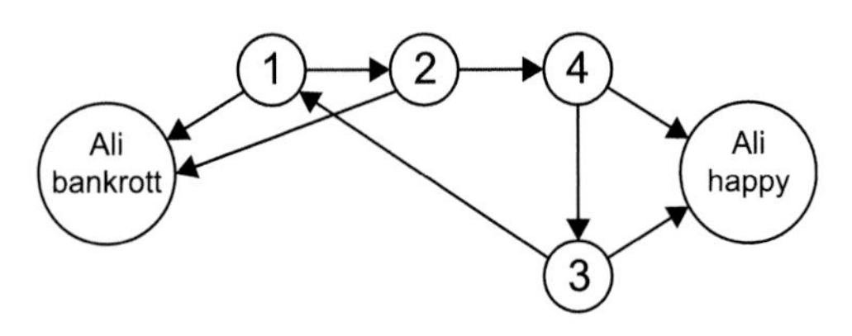

So wie Ali spielt, gibt es für ihn letztlich nur Verlust oder Gewinn. Nur den Totalverlust seines einzigen Euro. Oder er schafft es hoch bis 5 Euro. Dann ist er happy.

Lasst uns seine Happy-Wahrscheinlichkeit H bestimmen. Wie packen wir das an?

Wir müssen die Wahrscheinlichkeiten für alle Wege vom umkreisten Zustand 1 in den Zustand 5 = Ali happy ausrechnen und addieren. Es gibt unendlich viele dieser Wege. Denn man kann den zentralen Kreisel im Diagramm von 4 über 3 und 1 und 2 wieder nach 4 unterschiedlich oft durchlaufen: entweder gar nicht oder einmal, zweimal, dreimal etc. Alis Kapital kann demnach die folgende Entwicklung nehmen:

$$1 \to 2 \to 4 \to 5,$$

$$1 \to 2 \to 4 \to 3 \to 5,$$

$$1 \to 2 \to 4 \to 3 \to 1 \to 2 \to 4 \to 5,$$

$$1 \to 2 \to 4 \to 3 \to 1 \to 2 \to 4 \to 3 \to 5, \ldots$$

Für jeden Ablauf ergibt sich die zugehörige Wahrscheinlichkeit als Produkt der Wahrscheinlichkeiten an den entsprechenden Pfeilen im Diagramm. Die Wahrscheinlichkeiten an den Pfeilen sind alle gleich 1/2. Deshalb errechnet sich Alis Gewinnwahrscheinlichkeit H als

$$\begin{aligned} H &= \left(\frac{1}{2^3}+\frac{1}{2^4}\right)+\left(\frac{1}{2^7}+\frac{1}{2^8}\right)+\left(\frac{1}{2^{11}}+\frac{1}{2^{12}}\right)+\ldots \\ &= \frac{3}{16}\left(1+\frac{1}{16}+\frac{1}{16^2}+\ldots\right) \\ &= \frac{3}{16}\cdot\frac{1}{1-{}^1\!/_{16}}=\frac{3}{16}\cdot\frac{1}{15/16}=\frac{3}{16}\cdot\frac{16}{15}=\frac{1}{5}. \end{aligned}$$

Die Rechenschritte sind so erklärbar: In der ersten Klammer steht die Wahrscheinlichkeit des Spielverlaufs, bei dem der Kreisel nicht durchlaufen wird. In der zweiten, dritten Klammer stehen entsprechend die Wahrscheinlichkeiten des Spielverlaufs, wenn der Kreisel einmal, zweimal durchlaufen wird, etc.

Ferner wurde in der Berechnung die Summenformel für die geometrische Reihe verwendet. Sie besagt, dass für jede Zahl r zwischen -1 und $+1$ die unendliche Summe $1+r+r^2+r^3+\ldots$ gleich dem Wert $1/(1-r)$ ist.

Dieser Wert der Summe lässt sich mit zwei einfachen Zahlenhandgriffen verstehen, wenn man die unendliche Summe mit $(1-r)$ multipliziert, dann ausmultipliziert und prüft, dass sich alle Terme wegheben bis auf eine letzte verbleibende 1. Oben wird dieses Ergebnis für den Fall $r = 1/16$ verwendet.

Die Berechnung von H hat ergeben, dass Ali – wenn er kühn spielt – nur mit einer Wahrscheinlichkeit von 1/5 den Sprung auf 5 Euro schafft.

Die Überlegung lässt sich leicht verallgemeinern. Ist die Wahrscheinlichkeit an jedem Pfeil nicht 1/2, sondern p, muss in der Berechnung jeder Faktor 1/2 durch p ersetzt werden: Statt des Faktors 3/16 bekommen wir dann $p^3 \cdot (p+1)$. Statt $1/\left(1-\frac{1}{16}\right)$ steht $1/(1-p^4)$. Mit diesen Änderungen wird der Spezialfall zur allgemeinen Lösung:

$$H = \frac{p^3 \cdot (p+1)}{1-p^4} = \frac{p^3 \cdot (p+1)}{(1+p) \cdot (1-p) \cdot (1+p^2)}$$
$$= \frac{p^3}{(1-p) \cdot (1+p^2)},$$

was für $p = 1/2$ den Wert 1/5 liefert, wie es sein soll.

So weit die mathematische Theorie des kühnen Spiels.

Ali könnte natürlich auch anders spielen als kühn. Dafür bieten sich ihm viele Möglichkeiten. Das genaue Gegenteil der kühnen Strategie ist die vorsichtige Strategie. Sie besteht darin, immer nur den kleinstmöglichen Einsatz von einem einzigen Euro einzusetzen. Gewinnt Ali, steigt sein Kapital von x auf $x+1$. Verliert er, fällt es auf $x-1$.

Greifen wir auch hier erst mal wieder den Spezialfall heraus, dass in jeder Runde die Erfolgswahrscheinlichkeit gleich 1/2 ist. Schreiben wir $H(x)$ für die Wahrscheinlichkeit, mit dieser Spielweise den Sprung von x Euro irgendwann auf 5 Euro zu schaffen.

Von x aus gibt es natürlich nur die Übergänge nach $x+1$ oder $x-1$ jeweils mit Fifty-fifty-Wahrscheinlichkeit. Diese Tatsache lässt sich direkt in eine Gleichung zwischen den Unbekannten $H(x)$, $H(x+1)$ und $H(x-1)$ übertragen. Denn dann kann $H(x)$ nichts anderes sein als das Mittel der beiden Werte $H(x+1)$ und $H(x-1)$. Dieser Einblick als Gleichung festgehalten sieht so aus:

$$H(x) = \frac{1}{2} \cdot [H(x-1) + H(x+1)]. \qquad (*)$$

An den Rändern des Bereichs für x braucht man nicht zu rechnen. Die Randwerte sind offensichtlich $H(0) = 0$ und $H(5) = 1$. Gebongt?

Die Formel für $H(x)$ besagt, dass für drei aufeinanderfolgende Stellen vom Typ $x-1$, x, $x+1$ der Funktionswert an der mittleren Stelle, genau der Durchschnitt der Funktionswerte an den benachbarten Stellen links und rechts davon ist.

Dann geht es gar nicht anders, als dass jeweils drei aufeinanderfolgende Punkte des Graphen der Funktion $H(x)$ auf einer Gerade liegen, und zwar alle auf derselben.

Mit den Randwerten kann man noch Genaueres über diese Gerade lernen. Sie teilen mit, dass diese Gerade durch die beiden Punkte $(0, 0)$ und $(5, 1)$ verläuft.

Diese Zusatzinfo nagelt die Gerade eindeutig fest: Es muss sich bei der Geraden $H(x) = m \cdot x + c$ um jene mit Achsenabschnitt $c = 0$ und Steigung $m = 1/5$ handeln.

Als Ergebnis all dieser Mathemaßnahmen haben wir die Funktion

$$H(x) = \frac{x}{5}$$

extrahiert. Die von uns gesuchte Zahl – nämlich Alis Wahrscheinlichkeit, sein Ziel zu erreichen – ist ein Funktionswert dieser Funktion: $H(1) = 1/5$.

Ein faszinierendes Ergebnis: Im symmetrischen Fall mit Erfolgswahrscheinlichkeit fifty-fifty besteht demnach für die kühne Strategie und die vorsichtige Strategie dieselbe Gewinnwahrscheinlichkeit von 1/5, um aus einem einzigen Euro irgendwann 5 Euro zu machen. Mit der Gegenwahrscheinlichkeit von 4/5 geht Ali bankrott.

Unser nächstes Interesse gilt auch hier dem allgemeinen Fall. Wie wahrscheinlich ist der Gewinn bei vorsichtiger Spielweise und beliebiger Wahrscheinlichkeit p für jeden Kopfwurf?

Schreiben wir abkürzend noch $q = 1 - p$, dann müssen wir nicht mit der Gleichung (*) starten, sondern mit dem komplizierteren Ansatz

$$H(x) = pH(x+1) + qH(x-1). \qquad (**)$$

Die Randwerte bleiben unverändert bei $H(0) = 0$ und $H(5) = 1$.

Der Fall $p = q$ wurde schon im ersten Anlauf bearbeitet. Deshalb können wir an dieser Stelle $p \neq q$ vereinbaren und zur Vereinfachung $s = q/p$ schreiben, was dann nie gleich 1 ist. Nach diesen Vorarbeiten schlüpfen wir in die Rolle des Puppenspielers und lassen die Puppen tanzen.

Wird berücksichtigt, dass p und q sich zu 1 addieren, kann die Gleichung (**) sofort überführt werden in

$$pH(x) + qH(x) = pH(x+1) + qH(x-1).$$

Sieht nicht leicht aus, eher schon wie ein schwerer Fall für eine intensive Station. Könnte eine Idee hier weiterhelfen, sollte sie jedenfalls sofort zur Verfügung stehen, denn wir hängen fest. Benötigt wird eine Idee, um uns wieder flottzumachen. Und die Idee ist schon da: Von der letzten Gleichung ist es nur ein kurzer Weg bis

$$H(x+1) - H(x) = s[H(x) - H(x-1)].$$

Diese Schreibweise erlaubt uns, die rechte Gleichungsseite auf eine Karussellfahrt zu zwingen und sie noch $(x-1)$-mal mit derselben Idee herumzuschleudern. Damit landet man bei

$$H(x+1) - H(x) = s^x[H(1) - H(0)].$$

Diese hübsche Gleichung als weich gespültes Zwischenprodukt gilt für alle x von $x = 0$ bis $x = 4$. Das sind 5 Werte, und deshalb haben wir eigentlich 5 einzelne Gleichungen. Ein gutes Omen.

Damit sollte sich doch einiges anfangen lassen. Wie aber behandelt man sie am besten?

Ein Vorschlag: Ohne großes Tamtam zu machen, einfach alle addieren. Die Addition aller 5 Gleichungen führt zu

$$H(5) - H(0) = \left(1 + s + s^2 + s^3 + s^4\right) \cdot [H(1) - H(0)].$$

Wegen $H(0) = 0$ und

$$1 + s + s^2 + s^3 + s^4 = \frac{s^5 - 1}{s - 1}$$

bekommen wir

$$H(5) = \frac{s^5 - 1}{s - 1} \cdot H(1),$$

was uns bis fast ans Ziel bringt. Bleibt nur noch, sich an $H(5) = 1$ zu erinnern. Nach Umstellung sind wir bei

$$H(1) = \frac{s - 1}{s^5 - 1} = \frac{\left(\frac{q}{p}\right) - 1}{\left(\frac{q}{p}\right)^5 - 1}.$$

Das ist unser Ergebnis für die vorsichtige Strategie. Horrido! Wir können stolz darauf sein.

Was aber will es uns sagen?

Man sieht daran, was zu sehen ist, leichter, wenn wir die rechte Seite dieser Gleichung als Funktion der Variablen p auffassen. Ein Vergleich von kühner und vorsichtiger Strategie wird dann möglich: Die kühne Strategie ist besser, wenn p kleiner als 1/2 ist. Ist p aber größer als 1/2, dann ist die vorsichtige Strategie die bessere.

Mit mehr persönlichem Einsatz und zusätzlichem Raffinement ist obendrein beweisbar, dass kühne und vorsichtige Strategie in ihren jeweils günstigen Bereichen sogar optimal sind. Keine andere Strategie hat eine größere Gewinnwahrscheinlichkeit als, je nach p-Wert, die eine oder die andere.

Hier angekommen, ist es Zeit für eine Kurz-vor-Schluss-Zusammenfassung:

- Ist das Spiel ungünstig ($p < 1/2$), dann ist es optimal, kühn zu sein.
- Ist das Spiel günstig ($p > 1/2$), dann ist es optimal, vorsichtig zu sein.
- Ist das Spiel fair ($p = 1/2$), dann haben kühne und vorsichtige Strategie dieselbe Gewinnwahrscheinlichkeit, und beide sind gleichermaßen optimal.

Damit ist alles gesagt und getan, was ich hier sagen und tun wollte.

15

Schuldentilgung für Zocker

Informiert, wie du deine Schulden mit einem Münzspiel begleichen kannst. Oder auch zwischen Kino und Theater ausknobeln

Wie geht's eigentlich Little K? Lange nichts mehr von ihm gehört. Sein Leben plätschert so vor sich hin. Ohne besondere Vorkommnisse. Eine Kleinigkeit gibt's allerdings doch von ihm zu berichten: Little K hat seinem Schulkameraden Ali Gator vor Kurzem 12 Euro geliehen. Heute will Ali ihm das Geld zurückzahlen. Eigentlich. Aber irgendwie will Ali das auch nicht. Er ist nämlich ein elender Zocker, und erst gestern zum Beispiel hat er Little K eine Wahnsinnswette angeboten, bei der man um ein paar Ecken denken muss, um zu sehen, was da los ist. Das Bild sagt, worum es dabei ging.

C.H. Hesse, *Warum deine Freunde mehr Freunde haben als du*, DOI 10.1007/978-3-662-53130-3_15

Little K hielt es für besser, diese Wette abzulehnen. Er spürte, dass er dabei immer den Kürzeren ziehen würde. Seht ihr es auch?

Heute schlägt Ali Gator Little K wieder ein kleines Spielchen vor, diesmal um seine 12 Euro Schulden beim K-Mann zu begleichen. Denn Ali Gator zockt nun mal für sein Leben gern.

Hier ist Alis Spiel in meinen Worten beschrieben: Ali schuldet Little K 12 Euronen. Schreiben wir das mal als x-Hundert Euronen mit $x = 0,12$. Ali hat aber gerade keine x-Hundert Euronen, sondern nur einen 100-Euronen-Taler.

Der soll nun zwischen Ali und Little K hin und her wandern, bis er einem der beiden gehört. Das soll mit dem 100-Euronen-Taler selbst ausgespielt werden. Alis Spiel besteht aus zwei Schritten. Es kann sein, dass die öfters ausgeführt werden müssen.

Schritt 1: Im ersten Schritt wird erst mal gecheckt, dass die aktuellen Schulden x nicht größer als 1/2 sind. Sind sie es doch, dann wechselt der 100-Euronen-Taler den Besitzer, und der neue Besitzer schuldet dem alten nur noch den Anteil $1 - x$ vom 100-Euronen-Taler. Wenn x größer als 1/2 war, dann ist der neue Schuldenbetrag $1 - x$ natürlich nicht mehr größer als 1/2. Also, alles klar mit der Schuldenhöhe. Der Inhaber der Schulden ist jetzt aber der andere. Wer die Schulden hat, hat auch den Taler aktuell in seinem Besitz.

Der Sinn von Schritt 1 besteht allein darin, die Schuldenhöhe kleiner als 1/2 zu machen.

Schritt 2: Wer den Taler hat, wirft ihn. Bei *Kopf* gehört er ihm, und die Schulden gelten als beglichen. Bei *Zahl* werden seine Schulden verdoppelt, und das Spielchen beginnt von Neuem bei Schritt 1.

Der Sinn von Schritt 2 besteht darin, dieses Spiel irgendwann einmal zu Ende zu bringen.

Ali Gator hat dieses Spiel erfunden und ist stolz darauf. Little K, der kein Held des Denkens ist, weiß nicht, was er davon halten soll. Er will nicht übers Ohr gehauen werden, so wie es bei Alis Wette gewesen wäre. Aber wer weiß, vielleicht ist Ali diesmal fair. Oder hat vielleicht das Spiel falsch eingeschätzt, und es ist ungünstig für ihn selbst.

Little K tut das Naheliegende. Er fragt seine Schwester K-Tharina, ob Alis Bäumchen-Wechsle-dich-Spiel für ihn gut oder schlecht ist. Für ihn ist sie die große Schwester, die druckreif denken kann.

Spontan weiß K-Tharina auch keine Antwort. Außerdem hat sie erst mal keinen Dunst, wie man das Spiel mathematisch untersuchen könnte. Denn so viel ist ihr klar: Ohne Mathematik geht das nicht.

Es ist aber nur eine kurze Formkrise ihrerseits, tagesformbedingt. Am nächsten Tag findet sie doch eine Möglichkeit, das Ali-Gator-Spielchen einzuschätzen.

Das hört man gern. Denn sonst wäre dieses Kapitel hiermit schon abrupt zu Ende. Ergebnis dann? Leider keins. Und die ausschweifende Einleitung wäre für die Katz. So aber besteht noch die Hoffnung auf ein Kapitel-Happyend.

Aber jetze, lassen wir die Befindlichkeiten und gehen zurück zu den Dingen.

Beim Wühlen in ihrer Mathetrickkriste fand K-Tharina ein paar brauchbare hübsche Kniffe, um dem Ali-Gator-Spiel auf die Schliche zu kommen.

Zuerst: Mit einem Rückzug ins Ungewöhnliche schreibt sie die Zahl x als Summe von Potenzen des Bruchs 1/2 auf, wobei jede Potenz höchstens einmal vorkommt. Dieser Kunstgriff ist zwar ungewöhnlich, doch nicht so kurios, wie er aussieht. Er bewerkstelligt nur den Übergang zu einer anderen Zahlenschreibweise: Es ist das Zweiersystem, das hier als Stargast auftritt. Mit diesem Dreh kann jede Zahl x zwischen 0 und 1 mit Potenzen von 1/2 geschrieben werden. Auf folgende Weise:

$$x = x_1 \cdot \frac{1}{2} + x_2 \cdot \frac{1}{4} + x_3 \cdot \frac{1}{8} + \ldots + x_n \cdot \frac{1}{2^n} + \ldots.$$

Die Zahlen x_i in dieser Formel sind jeweils entweder 0 oder 1. Mit ihnen wird die Dezimalzahl x durch die Zahlenreihe x_1, x_2, x_3, ... dargestellt. All diese Nullen und Einsen bilden insgesamt die Null-Eins-Entwicklung von x im Zweiersystem. De facto wird die Zahl x ersetzt durch unendlich viele Ziffern, die jeweils entweder 0 oder 1 sind.

Ist das nicht eine totale Verkomplizierung der ganzen Angelegenheit?

Ja und nein.

Ja insofern, weil eine einzelne Zahl leichter zu handhaben ist als eine Zahlenfolge. Und nein, weil wir nur an diese Zahlenfolge den entscheidenden Hebel ansetzen können, der uns weiterbringt. Sie ist unser Joker. Das Warum und Wie sehen wir gleich. Erst kümmern wir uns aber noch um eine verbleibende Restunsicherheit:

Wie ist denn der Übergang von x zur zugehörigen Zahlenfolge zu schaffen?

Dieser Transfer lässt sich zum Glück leicht bewältigen. Jedenfalls mit dem richtigen handwerklichen Zubehör. Die x_i ergeben sich dann semiautomatisch, und sie zu erzeugen, erfordert nicht die wildeste Mathematik.

Es geht zu Fuß und step by step nach einem einfachen Muster: Als Erstes ist zu prüfen – ich formuliere es einmal auf Grundschulniveau –, ob die Zahl x so groß ist, dass 1/2 ganz hineinpasst. Falls ja, ist $x_1 = 1$, andernfalls muss $x_1 = 0$ gesetzt werden. Entsprechend zieht man dann einmal oder keinmal den Wert 1/2 von x ab. So entsteht ein Rest.

Alles klar so weit?

Mit diesem ersten Rest spielt sich dasselbe ab, außer dass man jetzt fragt, ob 1/4 (statt eben 1/2) in diesen Rest hineinpasst. So stellt sich nun entweder $x_2 = 1$ oder $x_2 = 0$ ein. Davon abhängig wird anschließend einmal oder keinmal 1/4 vom ersten Rest abgezogen, und es ergibt sich der zweite Rest, mit dem analog verfahren wird, aber mit 1/8 (statt 1/4). So geht es weiter, notfalls im Prinzip unendlich oft oder bis ein Rest irgendwann 0 wird.

Diese Null-Eins-Entwicklung als Schreibweise von x wird sich als super Idee entpuppen. Doch es braucht noch weitere mathematische Vorbereitungen, um sie zu entfalten.

Zwar kann Mathemachenmüssen manchmal ganz schön eklig werden, doch nur, wenn man den Face-to-Face-Kontakt mit ihr lange genug aushält, kommen echte Urerlebnisse zustande. Wir sind jedenfalls nicht die, die den Blick zuerst abwenden, wenn uns die Mathematik mal durchdringend anstarrt, oder?

Aber weiter mit dem mathematischen Foreplay: K-Tharina hat nachgedacht und festgestellt, dass die Entscheidung über den endgültigen Besitzer des Talers genau dann im n-ten Wurf fällt, wenn in den anfänglichen $n - 1$ Würfen immer *Zahl* geworfen wurde und erst im n-ten Wurf *Kopf* kommt. Die Wahrscheinlichkeit dafür ist natürlich bei einem fairen Taler gleich $1/2^n$.

Nachdem einige Komplexitäten damit weggedacht sind, können wir anfangen, ein paar konkrete Fragen zu stellen, die uns helfen, Alis Spiel einzuschätzen. Zum Beispiel:

Unter welchen Bedingungen besitzt Little K den Taler direkt vor dem n-ten Wurf?

Die Antwort kann der Schreibweise von x im Zweiersystem entnommen werden. Dazu muss überlegt werden, was eine Schuldenverdopplung bedeutet und was ein Besitzerwechsel des Talers bewirkt.

Das Verdoppeln der Schulden von x zu $2x$ entspricht dem Streichen von x_1 in der Zahlenreihe $x_1, x_2, x_3, \ldots$ mit anschließender Verschiebung der anderen Ziffern um eine Stelle nach links. Beispiel: Wenn x die Entwicklung

$$0,\ 1,\ 0,\ 1,\ 1,\ 1,\ 0,\ 0,\ 1,\ \ldots$$

hat, dann hat $2x$ die Entwicklung

$$1,\ 0,\ 1,\ 1,\ 1,\ 0,\ 0,\ 1,\ldots$$

Ganz einfach!

Was passiert bei Besitzerwechsel?

Der Besitzerwechsel des Talers ändert die Schulden von x zu $1-x$. Die Null-Eins-Entwicklung vom *neuen* Wert der Schulden $1-x$ bekommt man, indem man jede Ziffer x_i in der Entwicklung der *alten* Schulden x durch $1 - x_i$ ersetzt. Das ist komplizierter gesagt, als es sein muss: Die Ersetzung bedeutet nichts anderes, als dass eine 0 zur 1 und eine 1 zur 0 wird.

Jetzt wird es ein bisschen tricky, aber wirklich nur ansatzweise: Fand vor dem $(n-1)$-ten Wurf des Talers eine *gerade* Anzahl von Besitzerwechseln statt, so hat direkt nach dem $(n-1)$-ten Wurf Ali Gator den Taler, weil er ihn ja auch ganz am Anfang hatte.

Aber der Taler wandert noch vor dem $n-$ten Wurf zu Little K, falls $x_n = 1$ ist, weil die dann aktuellen Schulden von Ali Gator nämlich größer als 1/2 sind.

Ist die Anzahl der Talerwechsel vor dem $(n-1)$-ten Wurf dagegen *ungerade*, dann besitzt direkt nach dem $(n-1)$-ten Wurf Little K den Taler. Und der bleibt bis nach dem n-ten Wurf in seinem Besitz nur in dem Fall, dass die erste Ziffer in der Null-Eins-Entwicklung des dann aktuellen Schuldenwertes, also nun $1 - x_n$, gleich 0 ist, also wenn $x_n = 1$ gilt.

Beide Fälle sind zu unterscheiden, doch lassen sie sich zusammenfassend mit einem einzigen Satz ausdrücken. Und der könnte so lauten:

Little K besitzt vor dem n-ten Wurf die Münze genau dann, wenn $x_n = 1$ ist.

Das ist der Hauptteil von K-Tharinas lässiger Überlegung. Wer sie so weit verstanden hat, für den ist der Rest easy. Denn mit ihr kann man die Wahrscheinlichkeit, dass nach dem n-ten Wurf die Münze an Little K geht, ausdrücken als das einfache Produkt $x_n \cdot 1/2^n$.

Schon hier wird die Nützlichkeit des Zweiersystems überdeutlich. Und es geht noch weiter: Die Wahrscheinlichkeit, dass die Entscheidung irgendwann zugunsten von Little K fällt, ist dann schlichtweg die Summe all dieser Produkte für alle Würfe $n = 1, 2, 3, \ldots$. So landet man für die Wahrscheinlichkeit bei

$$x_1 \cdot \frac{1}{2} + x_2 \cdot \frac{1}{4} + \ldots .$$

Doch jetzt sind wir so gut wie fertig. Denn die letzte Summe ist gleich x. Es ist die Darstellung von x im Zweiersystem.

Wenn die Wahrscheinlichkeit also x ist, dass Little K den Taler gewinnt, dann ist der Erwartungswert des Betrags, den Ali an Little K zahlt

$$1 \cdot x + 0 \cdot (1 - x) = x.$$

Insofern endet K-Tharinas Analyse des Ali-Gator-Spiels mit dem für Little K überraschenden Ergebnis, dass es tatsächlich fair ist, obwohl Ali ein Zocker ist.

Ich hoffe, von all dem – von dieser etwas vertrackten Überlegung – habt ihr keinen kognitiven Hungerast bekommen. War es vielleicht doch zu lang oder zu langweilig? Oder keines von beidem? Oder beides von beidem? (Keines von beidem, hofft der Hoffnungsheger, der ich auch in dieser Angelegenheit bin.)

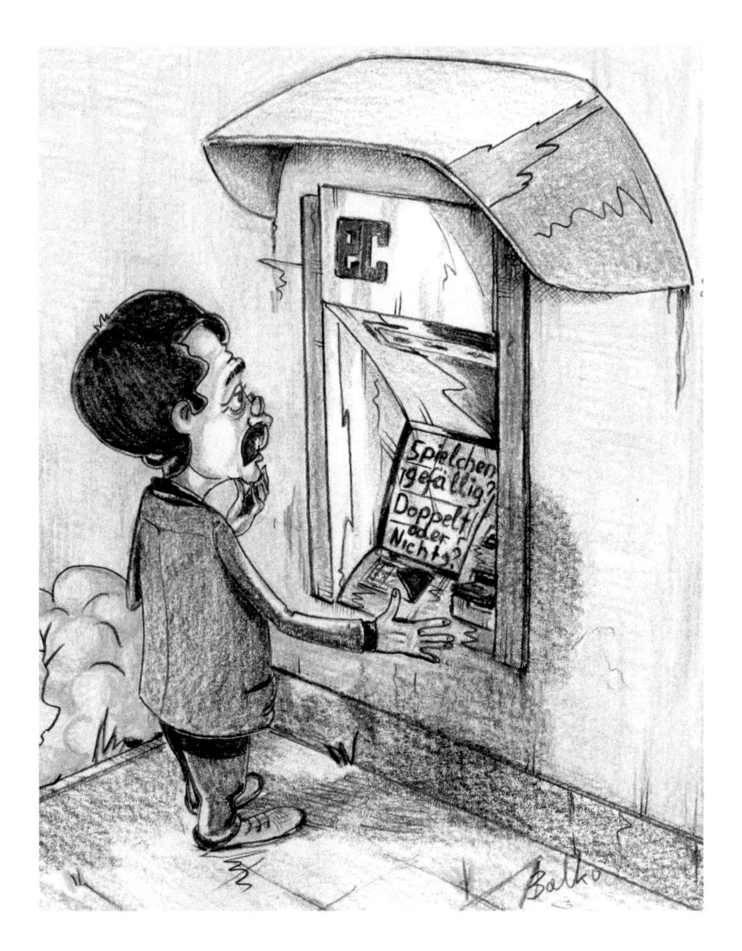

Und Tschüss!
Tschüss für immer?
Nein, es gibt noch eine Zugabe.

16

Rasenschach als Können, Glück- und Geldsache

Lehrt, dass Fußball ein Zufallsspiel ist. Und wie man dem Fußballgott in die Karten schauen kann

C.H. Hesse, *Warum deine Freunde mehr Freunde haben als du*, DOI 10.1007/978-3-662-53130-3_16

Fußball ist unser Leben sang irgendwann einmal die Deutsche Fußballnationalmannschaft. Da klangen diese jungen Männer doch ziemlich opa-esk. Mit ihrem Songtitel hatten sie allerdings nicht gänzlich unrecht. Fußball hat manches von dem, was auch das Leben hat. Fußball ist ein bisschen wie das Leben. Zum Beispiel was seine Unkalkulierbarkeit angeht. Fußball ist, wie andere Sportarten auch, eine Mischung aus Können und vielen kleinen und größeren Zufällen.

Können drückt sich aus in der Spielstärke der Teams. Die Spielstärke einer Mannschaft kann man sich als gewichtetes Mittel der Fähigkeiten ihrer Spieler denken; insofern ist Spielstärke eine abstrakte, unbekannte Größe.

Spielstärke ist aber dennoch einschätzbar. Sie kann mit Zahlenwerten beziffert werden. Etwa indirekt aufgrund von Punktestand und Torverhältnis am Ende der Saison. Oder noch indirekter aufgrund der Marktwerte der einzelnen Spieler des Mannschaftskaders zu Beginn der Saison.

Ja, im Ernst. Ich kann keinen Grund sehen, vor der Aussage zurückzuschrecken, dass allein aufgrund dieser einen Größe – Money – die Abschlusstabelle der Bundesliga recht genau schon vor dem allerersten Spielzug am allerersten Spieltag vorhersehbar ist. Ein Sinnspruch, wie in Stein gemeißelt. Handlicher ist er in der Form: Geld entscheidet die Bundesliga!

Damit ist die Hauptfrage der Saison „Wer wird deutscher Meister?" mit einer nicht geringen Wahrscheinlichkeit bereits vor dem Saisonstart, wenn auch nicht geklärt, so doch gut prognostizierbar. Besser als das Wetter vom übernächsten Tag.

Doch bevor ich euch zeige, wie das geht, möchte ich etwas weiter ausholen. Und zwar bei einer anderen Sportart. Zugunsten des Baseballs möchte ich unsere fußballerische Komfortzone kurz verlassen. Keine Sorge, wirklich nur kurz.

Der amerikanische Statistiker Bill James hat sich jahrzehntelang intensiv mit Baseball beschäftigt. Er fand, dass die Anzahl gewonnener Spiele G für jede Mannschaft am Ende einer Saison annähernd in folgendem Zusammenhang mit den von ihr erzielten Runs E und den von ihr zugelassenen Runs Z steht:

$$G \approx \frac{E^2}{E^2 + Z^2}.$$

Wegen ihrer Ähnlichkeit mit dem Satz des Pythagoras bezeichnete er diese Beziehung als Pythagoras-Formel.

Wie kann man sie verstehen?

Man benötigt dazu nur ein paar plausible Annahmen. Wir nehmen erstens an, dass die Gewinnwahrscheinlichkeiten beim Aufeinandertreffen zweier Mannschaften im Verhältnis ihrer Spielstärken stehen. Und zweitens, dass die Spielstärke einer Mannschaft durch die in der ganzen Saison erzielten und zugelassenen Runs gemessen werden kann.

Genauer: Wenn eine Mannschaft A 80 Runs erzielt und 50 zugelassen hat – und zwar gegen ihre gesamte Gegnerschaft, die aber gedanklich nur als ein einziger Durchschnittsgegner B gedacht wird –, dann ist die Spielstärkemaßzahl von Mannschaft A gleich $80/50 = 1{,}6$, und die von Mannschaft B ist $50/80 = 0{,}625$.

Aus den Spielstärkemaßzahlen ergibt sich die Gewinnwahrscheinlichkeit für Mannschaft A gegen Mannschaft B aufgrund der ersten Annahme als

$$\frac{1{,}6}{1{,}6 + 0{,}625} = \frac{80/50}{80/50 + 50/80} = \frac{80^2}{80^2 + 50^2}.$$

Und siehe da: Wir haben die Pythagoras-Formel.

Die Formel liefert eine gute Annäherung an die tatsächliche Punkteausbeute der Teams in mehr als 100 Jahren Baseball.

Noch besser ist die Annäherung an die Wirklichkeit sogar, wenn in dieser Formel die Hochzahl 2 durch 1,82 ersetzt wird.

Daraus lässt sich schließen, dass der Zufallsgehalt im Baseball etwas größer ist als in den Annahmen ausgedrückt, sodass er das in den Annahmen vorausgesetzte exakte Verhältnis zwischen Spielstärkemaßzahl und Gewinnwahrscheinlichkeit nur annähernd widerspiegelt.

Diese Tatsache wiederum lässt erwarten, dass bei einer Anwendung der Formel im Fußball die optimale Hochzahl noch kleiner sein wird als im Baseball. Beim Fußball sind die Runs E und Z natürlich als Tore und Gegentore zu verstehen.

Diese Intuition bestätigt sich: Eine für 37 internationale Fußballligen mit Ergebnissen seit den 1990er-Jahren durchgeführte Datenanalyse ergibt 1,32 als bestmögliche Hochzahl. So stark reduziert der hohe Zufallsanteil des Fußballs, den man bei etwa 40 bis 50 Prozent veranschlagen kann, die optimale Hochzahl.

Die Bedeutung des letzten Satzes muss noch erklärt werden: Beobachtet man die Wettquoten für die Spielausgänge und nimmt an, dass diese Quoten – ähnlich wie die Preise an Börsen, die nach der Theorie effizienter Märkte stets die gesamte Information widerspiegeln – informationseffizient sind, dann kann man aus diesen Wettquoten den Favoriten bei jedem Spiel ablesen.

Vergleicht man später mit dem Spielausgang, so lässt sich anhand des Datenmaterials ermitteln, dass in etwa 45 Prozent der Fälle der Favorit nicht gewinnt. Ein ähnlicher Wert stellt sich ein, wenn man den Anteil der Tore ermittelt, die mit starker Zufallsbeteiligung zustande kommen.

Der Zufall hat einen starken Einfluss auf die Chancen der Mannschaften. Und je größer der Zufallsanteil in einer Sportart, desto näher liegen die Gewinnwahrscheinlichkeiten bei einem Spiel in der Nähe von 50 Prozent, und zwar unabhängig von den Spielstärken der beteiligten Mannschaften.

Bei einer konkreten Datenanalyse für den Fußball ist noch zu bedenken, dass im Falle eines Sieges 3 Punkte vergeben werden und bei Unentschieden 2 Punkte, je einer an jedes Team. Geht man von empirisch ermittelten 24,7 Prozent unentschiedenen Spielen in der Bundesliga aus und entsprechend von 75,3 Prozent entschiedenen, so werden im Schnitt

$$0{,}753 \cdot 3 + 0{,}247 \cdot 2 = 2{,}753$$

Punkte pro Spiel vergeben.

Diese Analogien ermöglichen eine hübsche Anwendung der Pythagoras-Formel auf das Fußballspiel: Schätzt man am Ende einer Hinrunde aus den bis dahin erzielten Toren und zugelassenen Gegentoren die Spielstärken der Mannschaften und errechnet aus den Spielstärkemaßzahlen die erwartete Punkteausbeute am Saisonende, so hätte sich für die Bundesliga-Saison 2012/13 als Prognoseformel für die Gesamtpunktzahl ergeben:

$$\textit{Pythagoreische Punktzahl} = \frac{Tore^{1,32}}{Tore^{1,32} + Gegentore^{1,32}} \cdot 34 \cdot 2{,}753.$$

Die Tabelle vergleicht die mit dieser Formel errechnete pythagoreische Punktzahl mit der tatsächlich erreichten Punktzahl und der gegenüber der Hinrunde verdoppelten Punktzahl:

Stand nach Hinrunde	Torverhältnis	Punkte nach Hinrunde	Verdoppelte Punktzahl der Hinrunde	Punkte am Saisonende	Pythagoreische Punktzahl
München	44:7	42	84	91	86,0
Leverkusen	33:22	33	66	65	59,0
Dortmund	35:20	30	60	66	63,3

Die pythagoreische Formel sagt das Endergebnis im Schnitt besser vorher als eine simple Verdopplung der Punktzahl nach der Hinrunde.

Ein Test dieser Formel an internationalen Ligen zeigt, dass bei ihrer Anwendung mit einer Standardabweichung von etwa 4 Punkten zu rechnen ist. Das belegt die Qualität der Formel.

Und sie ist für faszinierende Überraschungen gut: Im obigen Anwendungsbeispiel wusste sie bereits, dass Dortmund am Ende Vizemeister werden würde und nicht die nach der Hinrunde noch mit 3 Punkten davor platzierten Leverkusener.

Die Anwendungsmöglichkeiten sind damit aber noch nicht ausgeschöpft: Auch mit den Ergebnissen nach einem beliebigen Zwischenstand kann der Saison-Endstand einer Liga prognostiziert werden.

Betreiben wir dazu noch etwas mehr fußballerische Heimatkunde. Nehmen wir den 22. Spieltag der Bundesliga-Saison 2013/14, dessen Ergebnisse am 23.2.2014 vorlagen, und prophezeien den Stand am Saisonende zweieinhalb Monate später. Für die Top 3 des 22. Spieltages kommen wir zu folgenden Ergebnissen:

Verein	Torverhältnis	Punkte	Hochgerechnete Punktzahl	Tatsächliche Punktzahl am Saisonende	Pythagoreische Punktzahl am Saisonende
München	61:9	62	95,8	90	86,7
Leverkusen	39:25	43	66,5	61	60,2
Dortmund	51:27	42	64,9	71	65,4

Auch in diesem Fall sagt die pythagoreische Formel voraus, dass Borussia Dortmund, obwohl nach dem 22. Spieltag nur auf Platz 3, am Ende wiederum Vizemeister werden wird. Und auch in diesem Fall hat sie, wie die Wirklichkeit uns inzwischen wissen ließ, recht behalten.

Ein Leser, der frontal zum Abenteuer bereit ist, könnte diese Tabelle überprüfen und mit eigenen Mitteln weitere Analysen vornehmen. Wir dagegen wollen weiterziehen.

Und zwar zur nächsten Tabelle, die für alle Mannschaften der Saison 2007/08, Marktwertrang, Endplatzierung und Pythagoras-Rang wiedergibt. Der Marktwert einer Mannschaft ist dabei einfach die Summe der Marktwerte aller Spieler ihres Kaders zu Beginn der Saison. Diese Informationen sind im Internet verfügbar.

Verein	Marktwertrang	Platzierung Saisonende	Differenz Spalte 2 – Spalte 3	Torverhältnis Hinrunde	Pythagoras-Punkte	Pythagoras-Rang	Differenz Spalte 7 – Spalte 3
München	1	1	0	31:8	80,2	1	0
Bremen	2	2	0	42:24	63,3	4	2
Schalke	3	3	0	26:17	59,6	5	2
Stuttgart	4	6	−2	24:25	45,5	8	2
Hamburg	5	4	1	24:13	64,8	3	−1
Dortmund	6	13	−7	26:30	42,4	11	−2
Leverkusen	7	7	0	32:16	66,8	2	−5
Berlin	8	10	−2	19:24	39,6	13	3
Nürnberg	9	16	−7	21:28	38,0	14	−2
Frankfurt	10	9	1	19:23	40,9	12	3
Wolfsburg	11	5	6	30:30	46,8	6	1
Hannover	12	8	4	27:28	45,7	7	−1
Bochum	13	12	1	25:27	44,4	9	−3
Bielefeld	14	15	−1	19:38	26,8	18	3
Karlsruhe	15	11	4	19:21	43,7	10	−1
Duisburg	16	18	−2	14:26	28,7	17	−1
Cottbus	17	14	3	17:27	32,9	15	1
Rostock	18	17	1	16:26	32,3	16	−1

Werden Korrelationen berechnet, so zeigt sich eine stark positive Beziehung zwischen Marktwertrang und Endplatzierung. Der Korrelationskoeffizient liegt bei 0,8.

Ferner stellt man fest, dass der Pythagoras-Rang mit der Platzierung sogar noch stärker korreliert ist. Hier beträgt der Korrelationskoeffizient sogar 0,9.

Auch diese Tabelle ist als datenanalytische Herausforderung eine Gelegenheit für Gelegenheitsmathematiker.

Insgesamt kann festgehalten werden, dass der Marktwertrang als Prognose-Tool in diesem Beispiel sehr erfolgreich ist. Nicht nur der Deutsche Meister, sondern auch der Vizemeister und der Drittplatzierte wurden richtig vorhergesagt. Und das schon vor dem allerersten Anpfiff.

Der Pythagoras-Rang hat nur den Deutschen Meister richtig vorhergesagt. Global für die ganze Liga bewertet ist die prophetische Leistung des Pythagoras-Ranges in diesem Beispiel vergleichsweise aber dennoch um einiges besser, da er mit nur einer Ausnahme nie mehr als um höchstens drei Plätze von der tatsächlichen Endplatzierung abweicht.

Recht verblüffend, was man aus Daten alles herausholen kann, nicht wahr? Verblüffend und elegant, die Ergebnisse sowie auch die Methode.

Dabei wollen wir es bewenden lassen. Das war's.

Bis auf ein Servus am Ende. Denn ein Kapitel über den Fußball, über Geld und was es im Fußball so alles bewirkt, kann natürlich niemals vollständig sein, ohne etwas Gefranzl vom Franzl Beckenbauer. Also dann: „Geht's raus und spielt's Fußball."

Letzte Worte

... noch vom Autor persönlich (doch vor dem allerletzten verreist)

Meiner Meinung nach sind letzte Worte immer gut, wenn sie mit dem Wort *Danke* enden.

Ich danke dem Verlag Springer Spektrum für die angenehme Zusammenarbeit. Besonders hervorheben möchte ich Dr. Andreas Rüdinger, der mir zur Nahezu-Endversion des Manuskripts viele nützliche Kommentare und Anregungen zukommen ließ, sowie Bianca Alton, die das gesamte Projekt hervorragend betreute.

Großer Dank gebührt abermals Alex Balko, der auch für dieses Buch meine Bildideen in exzellenter Weise zeichnerisch umsetzte.

C.H. Hesse, *Warum deine Freunde mehr Freunde haben als du*, DOI 10.1007/978-3-662-53130-3

Meinem Freund Vlad Sasu danke ich für die Arbeit an den Diagrammen und den Sprechblasen der Zeichnungen.

Mein größter Dank gilt meiner Familie: Andrea, Hanna und Lennard, die mich auch während der Arbeit an diesem Buch toleriert haben.

Und schließlich freue ich mich über euch, liebe Leserinnen und Leser, dass ihr die hier in Buchform vorliegende Mühe meiner Heimarbeit durch eure Aufmerksamkeit gewürdigt habt.

Schluss jetzt!

Nein!

Danke.

Verwendete und weiterführende Literatur

Bennett, J.O., Briggs, W.L. & Triola, M.F. (2002): *Statistical Reasonig for Everyday Life*. 2. Auflage. Boston, Addison-Wesley

Bertrand, J. (1889): *Calcul de probabilités*. Paris. Gauthier-Villars

Bewersdorff, J. (2007): *Glück, Pech und Bluff*. 4. Auflage. Wiesbaden, Vieweg

Brecht, B. (2004): *Geschichten vom Herrn K.* Zürcher Fassung. Frankfurt am Main, Suhrkamp, S. 107f

Büchter, A. & Henn, H.-W. (2007): *Elementare Stochastik: Eine Einführung in die Mathematik der Daten und des Zufalls*. Berlin, Heidelberg, Springer

Christakis, N. A. & Fowler, J. H. (2010): *Connected!: Die Macht sozialer Netzwerke und warum Glück ansteckend ist.* Frankfurt a. Main, S. Fischer

Eichelsbacher, P. (2007): *Stochastische Algorithmen I.* Stochastik in der Schule, 27, 2, 29–34.

C.H. Hesse, *Warum deine Freunde mehr Freunde haben als du*, DOI 10.1007/978-3-662-53130-3

Engel, A. (2000): *Stochastik*. Stuttgart, Klett.
Feld, S. L. (1991): Why your friends have more friends than you do. American Journal of Sociology, 96, 6, 1464–1477
Good, I.J. (1996): When batterer becomes murderer. Nature, 381, 481
Grime, J. (2016): Non-transitive dice. http://singingbanana.com/dice/article.htm
Henze, N. (2013): *Stochastik für Einsteiger*. 10. Auflage. Wiesbaden, Springer Spektrum
Hesse, C. (2009): *Wahrscheinlichkeitstheorie*. 2. Auflage. Wiesbaden, Vieweg und Teubner
Hesse, C. (2013): *Das kleine Einmaleins des klaren Denkens.* 4. Auflage. München, C.H. Beck
Hesse, C. (2014): *Warum Mathematik glücklich macht.* 5. Auflage. München, C.H. Beck
Hesse, C. (2016): *Math Up Your Life. Schneller rechnen, besser leben.* München, C.H. Beck
Hesse, C. (2016): *Der SchnellerSchlauerMacher für Zufall und Statistik.* Heidelberg, Springer Spektrum
Joswig, M. (2009): Wer zahlt, gewinnt. Mitteilungen der DMV, 17, 38–40
Moroney, M. J. (1951): *Facts from Figures.* Harmondsworth, Penguin
Wikipedia (2016): https://www.wikipedia.de

Sachverzeichnis

C.H. Hesse, *Warum deine Freunde mehr Freunde haben als du*, DOI 10.1007/978-3-662-53130-3

Printed in the United States
By Bookmasters